超简单的摄影后期书

孙迎新 杨小宇 著

U0345318

人民邮电出版社

北京

图书在版编目（CIP）数据

超简单的摄影后期书 / 孙迎新，杨小宇著. -- 北京：
人民邮电出版社，2020.8
ISBN 978-7-115-54166-6

Ⅰ．①超… Ⅱ．①孙… ②杨… Ⅲ．①图象处理软件
Ⅳ．①TP391.413

中国版本图书馆CIP数据核字（2020）第095649号

内 容 提 要

　　这是一本教摄影"小白"怎样快速修出好照片的摄影后期书，十分简单且易上手。根据多年的教学经验，作者总结出一套自己的摄影后期教学体系，旨在向摄影初学者介绍如何运用数码后期软件Photoshop将照片修得更好看。本书针对人物、风光、花卉等不同的拍摄题材，并结合各位读者想要得到的不同效果，进行了详细的后期修图技巧讲解，让零起点的摄影爱好者也能轻松上手，掌握基本的摄影后期修片技法。

　　除了介绍Photoshop的基础知识和常用工具，本书还辅以诸多高度提炼的典型修片案例进行实操技巧的讲解。无论是普通的摄影后期爱好者，还是专业修图师，都能够通过阅读本书获得灵感，迅速提高数码照片后期处理水平。

◆ 著　　　　孙迎新　杨小宇
　　责任编辑　张　贞
　　责任印制　周昇亮

◆ 人民邮电出版社出版发行　　北京市丰台区成寿寺路 11 号
　　邮编　100164　电子邮件　315@ptpress.com.cn
　　网址　https://www.ptpress.com.cn
　　天津市豪迈印务有限公司印刷

◆ 开本：690×970　1/16
　　印张：19.5　　　　　　　　2020 年 8 月第 1 版
　　字数：439 千字　　　　　　2020 年 8 月天津第 1 次印刷

定价：99.00 元

读者服务热线：**(010)81055296**　印装质量热线：**(010)81055316**
反盗版热线：**(010)81055315**
广告经营许可证：京东市监广登字 20170147 号

前言

本书已酝酿了很长时间，最初的想法萌生于五年前。当时我正在带领全国各地的学员进行风光拍摄，学生们向我提了很多问题，我尽力详细解答，但是由于时间仓促以及学员们的基础不同，一些知识的讲解还不够透彻，学员也需要进一步地理解和巩固。还有一些朋友，通过微信或短信的方式向我咨询了大量的问题，由于时间和精力的关系，我也很难一一回复。后来我尝试通过直播的方式来进行教学，获得了学员的好评，但学员们一致认为应该把直播的内容再进行深化，让知识的条理性和深度更上一个台阶。考虑到纸质书配合视频的方式对于学员温习和巩固来说更方便，而对于一些中老年摄影爱好者来说也可以通过反复观看来加深理解，因而尽快完成这本书也是势在必行。

本书尝试从摄影师的角度来发现问题、解决问题。书中列举的所有问题都是在摄影实践中经常会遇到的。同时，我也希望通过最通俗的语言和最便捷的方法来解决问题，虽然看起来也许不够专业，但是非常有效。

本书终于能够付诸出版，我感触良多。不仅仅是因为能够顺利完稿，更多的是因为自己的摄影经验和知识能帮助到更多的摄影爱好者而感到高兴。写作的过程对于我自己来说也具有相当的启迪意义，无论是对于专业知识的丰富，还是优秀作品的学习和借鉴都使我受益匪浅。我要感谢所有给予我帮助的摄影师和老师们，感谢给予我充满挑战的工作环境，真诚的帮助、启发，以及值得回忆和自省的人和事。

特别还要感谢的是郭玉才老师、前世今生老师、暖冬老师、戈壁舟老师、枫影老师、点测光老师、光速老师，他们与我进行过多次沟通，提出的建设性意见使我深受鼓舞，加深了我对摄影前期和后期技术的理解，帮助我充实了本书的内容。

馨羽工作室

孙迎新

资源下载说明

本书附赠案例配套素材文件，扫描右侧的资源下载二维码，关注"ptpress 摄影客"微信公众号，即可获得下载方式。资源下载过程中如有疑问，可通过客服邮箱与我们联系。

客服邮箱：songyuanyuan@ptpress.com.cn

扫一扫 学摄影

资 源 下 载
扫 描 二 维 码
下 载 本 书 配 套 资 源

第 1 章 Adobe Photoshop 基础知识

第2章 用简单工具就可以达到你想要的效果

第**3**章 如何让你的风光片与众不同

第4章　让你的人像作品脱颖而出

第 5 章 静物、花卉照片也离不开后期处理

CHAPTER1 │ 第1章

1

Adobe Photoshop基础知识

1-1　Adobe Photoshop软件

世界各地数百万的设计人员、摄影师和艺术家都在使用 Adobe Photoshop。无论你是在寻求对照片的基本编辑还是彻底变换，Photoshop都可以为你提供一整套专业修图工具，将普普通通的照片转换成艺术作品。在Photoshop中，你可以对照片进行调整、裁切、移除对象、修饰、修复、玩转颜色和效果等操作，让平凡变得不凡。Photoshop启动界面之一如图1-1-1所示。

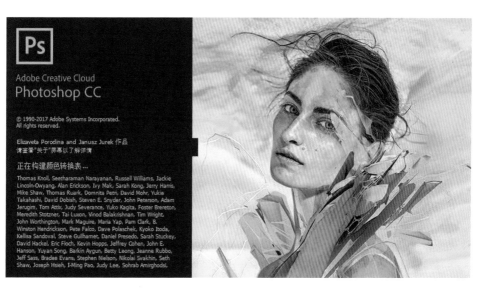

图1-1-1　Photoshop CC 启动界面

1-2　如何学习Photoshop

1. 跟对老师少走弯路

有些读者可能是刚接触Photoshop，有些读者可能已经有一些基础，每个人情况都不一样，本书针对的是零基础人群，也就是说，即使没有什么基础但只要坚持跟着本书学习，最后都能够独立调整自己的照片。

有些读者知道一点Photoshop基础知识，但不知道怎么去灵活运用。调整照片要调到什么程度？要按照什么思路去调整照片？我们将会在本书后面的实例中给大家做详细的介绍。

本书的写作思路是初级知识讲解—实际应用—加入创意。只需跟着老师一步一步学习，你就可以少走很多弯路。老师首先会让你知道哪些工具是有用的、需要掌握的，哪些工具根本不需要记，因为调整照片用最简单的步骤就可以得到很好的效果。另外，本书强调的是摄影师教你学后期，为什么把摄影师放在前面？因为笔者首先是摄影师，然后才是数码后期修图师。而且如果把自己拍摄的照片交给仅仅会工具用法的人去处理，那么他根本不知道你的照片想表达什么，若想还原当时拍摄的场景，也只能靠想象，这样调整出来的照片是不能打动人的。所以说，摄影师一定要学好后期处理，自己的照片自己来调整！理论和实践相结合是最好的学习方法，如图1-2-1所示。

图1-2-1 理论和实践相结合是最有效的学习方法

2. 化繁为简

打开Photoshop之后你会发现有很多菜单命令，特别是第一次接触Photoshop的读者看到如此多的菜单命令就会感觉头晕。这么多菜单命令怎么记住呢？而且有的菜单还会下拉出很多子菜单。本节给大家做一个简单介绍，使大家能了解到有些命令是你必须要掌握的，有些命令是和你没有关系的。也就是说，有些和我们完全没关系的菜单命令我们就完全可以视而不见。化繁为简来记忆，就简单多了。

3. 要多用

今天的课一听全部会了，但是后来由于工作或其他原因，没有去使用这些工具，可能一个月之后就会忘得一干二净。所以一定要多运用老师讲过的知识，拿自己的照片去调整、练习。我们学习Photoshop的最终目的不是拿老师的素材去调整，而是能拿自己拍的照片去调整。刚开始学习的时候要勇于尝试，运用那些必须掌握的菜单命令，多用才能牢固记忆。

4. 有目的性地去调整

调整照片不是盲目地，而是要有目的性地进行调整。处理照片前我们要先学会分析，就像医生给病人看病一样，先了解问题所在，然后才能对症下药，不要仅仅是用一些滤镜去拼合。例如想调整一张风光照片，要先分析一下照片哪里有问题，是曝光过度还是曝光不足，然后再有针对性地做调整。

1-3 学习数码后期的目的

1. 影楼美工或平面设计：由于工作或设计作品需要，经常会调整大量人像照片。

2. 自娱自乐：有些摄影爱好者学习后期修图完全是为了自己欣赏、自娱自乐，或者是想做出挂历或画册送给亲朋好友或装裱后挂家里。

3. 与朋友分享交流：发论坛或朋友圈分享。

4. 参加摄影比赛：有些摄影比赛要求对照片的后期处理不能增减像素，只能调整对比度等，这时就一定要根据摄影大赛的要求进行处理，否则会弄巧成拙。如图1-3-1所示。

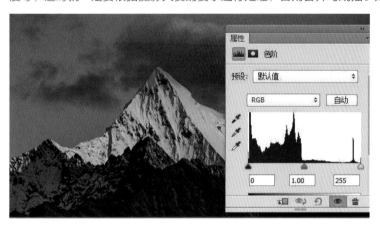

图1-3-1　根据比赛要求对参赛照片进行后期处理

1-4　只记住你需要的

好，本节开始介绍后期修图软件。在桌面上用鼠标左键双击Photoshop图标打开软件，先来大概了解一下。软件界面上方是菜单栏，左侧是工具箱，右侧是面板。

首先来看右上角这个小方块█，像一个电池充电符号。单击该按钮后，弹出的菜单列表中出现基本功能、绘画、摄影等选项，我们平时处理照片的时候选择摄影就可以了。界面如图1-4-1所示。

调整照片色彩和明暗度所常用的命令是我们必须要掌握的。

1. 调整面板

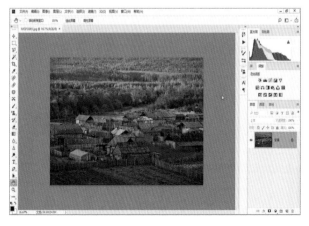

图1-4-1　调整面板默认在图层面板的上方

调整面板中的亮度/对比度、色阶、曲线、曝光度、自然饱和度……都是在后期修图时会经常用到的工具，如图1-4-2所示。

图1-4-2　调整面板为调整图层带来极大方便

2. 图层面板

首先是关于图层的各选项，经常会用到；然后是图层面板下方的"创建新的调整或填充图层"按钮，单击该按钮可以看到色阶、曲线、曝光度等命令和调整面板里面的大部分相同。

3. 图像

这里包括调整色阶、曲线、曝光度、自然饱和度等命令，这与调整面板以及图层面板下方"创建新的调整或填充图层"按钮的命令大致相同，如图1-4-3所示。部分命令三个地方都有，说明了它们的重要性。

图1-4-3　创建新的调整或填充图层菜单

不要被众多的命令菜单迷惑，其实它们都有相同的作用，都是关于照片的色彩和明暗度的调整。我个人喜欢在图层里面使用它们，大家根据自己的爱好进行选择即可。

菜单栏介绍

1. 文件

常用的"文件"菜单命令有"打开""关闭""存储"等（如图1-4-4所示）；"自动"—"合并到HDR Pro"（可以合成HDR照片，如图1-4-5所示）；以及 "脚本"—"将文件载入堆栈"（合成星轨时会用到，如图1-4-6所示）。

图1-4-4　"文件"菜单

图1-4-5　"自动"命令

图1-4-6　"脚本"命令

2. 编辑

需要记住如下几个常用快捷键。

复制: Ctrl+C

粘贴:Ctrl+V

填充前景色:Alt+Delete

填充背景色:Ctrl+Delete

3. 图像

从"图像"菜单中选择并调整图像大小（如图1-4-7所示）、画布大小。

4. 图层

单击图层面板下方的"创建新的填充和调整图层"按钮，可以对照片进行非破坏性调整，比如"色阶""曲线"等，不会对下方的背景照片造成影响，操作起来非常方便，如图1-4-8所示。

5. 文字

利用文字制作工具，可以以单字或段落的方式来为照片加上文字。文字可以横排或直排，如图1-4-9所示。

6. 选择

需要记住以下几个快捷键。

全选: Ctrl+A

取消选区: Ctrl+D

反选: Shift+Ctrl+I

使用这几个快捷键可以提高处理效率，节省处理时间。

7. 滤镜

滤镜使用得当能够为照片增加各种艺术效果，制作出完美的艺术照片。但是使用不当则会破坏照片的美感。

滤镜菜单如图1-4-10所示。其中，"Camera Raw 滤镜"是处理照片强有力的工具，可以以无损的方式对照片进行各种调整，如色彩、曝光等等，后面章节会做详细介绍。

图1-4-7　图像大小

图1-4-8　非破坏性调整

图1-4-9　文字工具

"液化滤镜"在对人物进行瘦身、瘦脸、塑型时使用较多，是人像的美化利器。

"模糊"和"模糊画廊"这两个滤镜组可以制作特殊氛围的照片，后面章节会结合一些具体案例来说明它们的使用技巧。

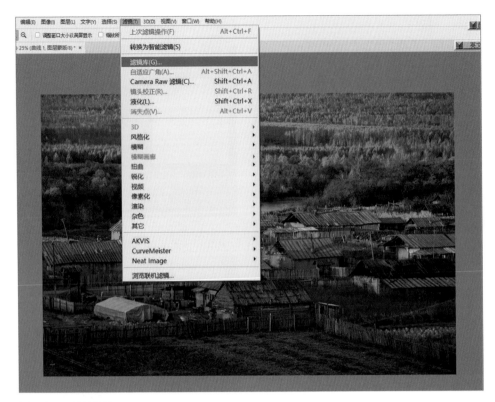

图1-4-10　滤镜菜单

8. 3D

在Photoshop CC中，可以利用属性面板对3D的凸纹进行更加直观的处理，使用户可以使用材质进行贴图，制作出质感逼真的3D图像，使2D和3D更完美地结合。该功能广泛应用于设计和三维模型等领域，对于摄影人来说可以不予关注。

9. 视图

放大、缩小工具箱，如图1-4-11所示。

其中的"标尺"命令在精确制图时会用到。

10. 窗口

在"窗口"菜单下可以找到各种面板、工具等命令，选择相应选项即可将其打开。

工具箱工具介绍

1. 移动工具

移动工具主要用于图像、图层或选择区域的移动，如图1-4-12所示。

图1-4-11　缩放工具

2. 选框工具

选框工具组包括矩形选框工具、椭圆选框工具、单行选框工具及单列选框工具。其中单行选框工具和单列选框工具使用较少，这里不做过多介绍。

矩形选框工具：用来创建正方形或长方形的选区（小技巧：按住键盘上的Shift键可以创建正方形选区），如图1-4-13所示。

椭圆选框工具：用来创建圆形或椭圆形选区（小技巧：按住键盘上的Shift键可以创建圆形选区），如图1-4-14所示。

图1-4-12　移动工具

图1-4-13　矩形选框工具

3. 套索工具

套索工具组包括套索工具、多边形套索工具、以及磁性套索工具。

套索工具：用于创建任意不规则选区，如图1-4-15所示。

多边形套索工具：用于创建有一定规则的多边形选区，如图1-4-16所示。

磁性套索工具：用于创建边缘比较清晰、且与背景颜色相差比较大的选区，如图1-4-17所示。

图1-4-14　椭圆选框工具

图1-4-15 套索工具

图1-4-16 多边形套索工具

图1-4-17 磁性套索工具

4．快速选择工具和魔棒工具

相同点：都是比较方便的快速勾出选区的工具。但是所适用的照片背景必须比较简单，复杂背景的照片还需要考虑其他的抠图方法。

不同点：单击快速选择工具后，只需在图像的范围内拖动鼠标，就可以得到想要选取的范围，控制选区的范围和画笔的操作方法是一样的，如图1-4-18所示；魔棒工具则需要多次单击才能选出最终想要的选区，控制选区大小的是容差等，如图1-4-19所示。

图1-4-18　快速选择工具

图1-4-19　魔棒工具

5. 裁切工具

裁切工具是我们平时用得最多的工具之一，在二次构图时经常会用到。在老版的Photoshop中，裁切工具是没有辅助线的，现在的新版本增加了辅助线。我们在裁切的过程中，可以以辅助线作参考，比如三等分、对角线、黄金比例等构图时，利用可辅助线使得裁切构图更方便，如图1-4-20所示。关于二次构图的技巧后面也会有一节做详细介绍。

图1-4-20 裁切工具

6. 修复工具

修复工具组中最常用的有污点修复画笔工具，修复画笔工具、修补工具和内容感知移动工具。

污点修复画笔工具：不需要先选取参照点就可以对图像进行直接修复，对被修复部分，与其周围有一定的融合过渡效果，如图1-4-21所示。

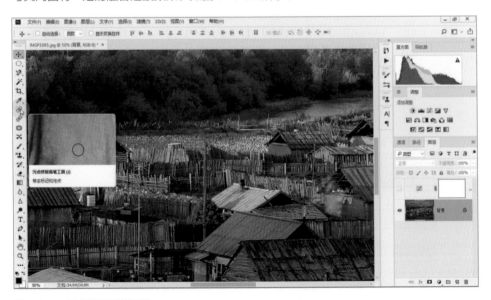

图1-4-21 污点修复画笔工具

修复画笔工具：要先选取参照点才可以对需要修复的地方进行修复，如图1-4-22

所示。

修补工具：先选取一个区域作为被修复区域，然后将其拖动到比较理想的地方，松开鼠标左键，即可修复选区，如图1-4-23所示。

图1-4-22 修复画笔工具

图1-4-23 修补工具

内容感知移动工具：选择和移动图像的一部分，并自动填充移走后留下的区域，如图1-4-24所示。

这4个工具在"修修补补出精品"一节将有详细介绍。

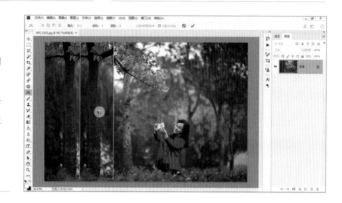

图1-4-24 内容感知移动工具

7. 画笔工具和铅笔工具

画笔工具：使用画笔工具可以画出边缘很柔和的线条，在用图层蒙版处理照片时经常会用到，如图1-4-25所示。

铅笔工具：铅笔工具可以用来绘制出不同粗细的"硬边"线条，照片后期处理一般很少会用到，如图1-4-26所示。

图1-4-25 画笔工具

图1-4-26 铅笔工具

8. 仿制图章工具和图案图章工具

仿制图章工具：主要用来复制取样的图像。仿制图章工具使用方便，它能够按涂抹的范围复制。按住 Alt 键，单击鼠标进行定点选样即可复制，后面章节中会有范例说明，如图 1-4-27 所示。

图案图章工具：利用图案进行绘画的工具，可以从图案库中选择图案或者自己创建图案，平时用得不多，如图 1-4-28 所示。

图 1-4-27　仿制图章工具

图 1-4-28　图案图章工具

9. 橡皮擦工具箱

橡皮擦工具箱用于擦除图像，透出背景，如图 1-4-29 所示。普通橡皮擦工具的功能是可以将擦拭的部分擦除，如图 1-4-30 所示。背景橡皮擦工具可以用来擦除背景，如图 1-4-31 所示。魔术橡皮擦工具可以以色块的方式擦除背景，如图 1-4-32 所示。

图 1-4-29　橡皮擦工具箱

图 1-4-30　普通橡皮擦工具

图 1-4-31　背景橡皮擦工具

图 1-4-32　魔术橡皮擦工具

10. 渐变工具

渐变工具用于绘制渐变色，如图1-4-33所示。在第4章中有用渐变色制作梦幻色调的详细介绍。

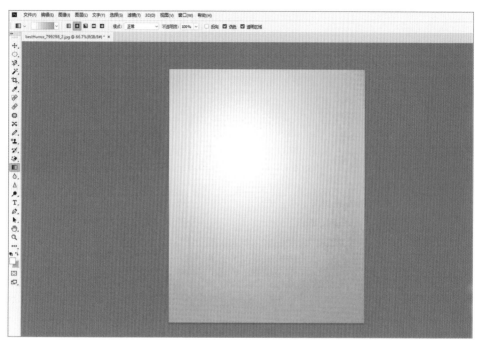

图1-4-33　渐变工具

11. 小工具

包括模糊工具、锐化工具、以及减淡加深工具，如图1-4-34所示。在"不要小看小工具"小节中将有详细介绍。

12. 文字工具

文字工具可用于设计排版、制作水印等，如图1-4-35所示。

图1-4-34　小工具

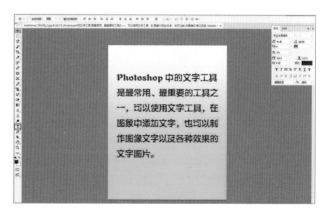

图1-4-35　文字工具

13. 钢笔工具

钢笔工具可用于绘制矢量图形，也可以用来绘制较为复杂的选区，并结合通道进行抠图，或者在处理婚纱照片时制作飘纱等。如图1-4-36所示。

14．缩放工具和抓手工具

这两个工具就不用多说了，操作很简单，我简单示范下大家就能明白。用缩放工具将照片放大后，选择抓

图1-4-36　钢笔工具

手工具后按住，鼠标左键在画面上移动鼠标可以详细观看照片。如果想缩小观看，在选项栏上选择缩小工具后单击画面即可。如图1-4-37所示。

小技巧：双击缩放工具可以将照片快速调整为100%显示。双击抓手工具可以将照片缩放为适合屏幕大小显示。

至此，这些工具就介绍完了，大家可能会略感抽象。学习是个循序渐进的过程，用实际的范例操作讲解，会比单纯讲解工具用法更形象化，让人记得更牢固。所以后面的章节将会用具体的范例进行讲解。

图1-4-37　缩放工具和抓手工具

1-5　选择工具很重要

　　前面主要介绍了Photoshop的基础知识，本节将以实例的方式来详细介绍选择工具。选择工具主要包括矩形选框工具、椭圆选框工具、套索工具、多边形套索工具、磁性套索工具、快速选择工具以及魔棒工具。图1-5-1所示的这个三个图标所包含的全部是选择工具。

图 1-5-1　选择工具

矩形选框工具

　　先来看矩形选框工具。矩形选框工具主要用来创建正方形或长方形的选区。选择矩形选框工具之后，上面的选项栏显示"新选区""添加到选区""从

选区减去""与选区交叉"和"羽化值"等设置，如图1-5-2所示。

图 1-5-2　矩形选框工具选项栏

　　现在打开需要处理的照片。这张照片是在草原上拍摄的雪地里的野百合。逆光拍摄下，背景的雪山和天空曝光正常，地面雪地里的野百合也没什么大问题，但是逆光下的野百合显得不够通透，雪地也是同样的问题，如图1-5-3所示。

　　现在如果做全局调整，背景的雪山和天空就一块被选择和调整了，那不是我们想要的效果。这里在选择矩形选框工具之后，设置一个羽化值。这个羽化值的设置在后面的

图 1-5-3　逆光下的百合不够通透

椭圆选框工具和套索选框工具里边的套索工具中也有，如图1-5-4所示。

图1-5-4　设置羽化值

先来看羽化值是怎么设置的。羽化值的范围是0～250，羽化值越大，羽化的边缘就越大，也就是越柔和；羽化值越小，羽化的边缘越小，也就是越不柔和。

现在回到矩形选框工具，用矩形选框工具框选图像的雪地部分，如图1-5-5所示。在图层面板下方选择色阶，在色阶面板上观看柱状图，发现右侧部分柱状缺失，这说明画面发暗。将右侧的滑块向左移动至柱状图右侧山脚处，以将画面调亮一些。这时可以发现，如果羽化值设置为零，选区的边缘会很生硬，如图1-5-6所示。

现在将羽化值修改为30，删去调整图层回到最初的画面，在地平线这个区域重新拖出一个矩形选区。依然在图层面板下方选择"色阶"来调整图层，参考柱状图将画面调亮。放大看一下羽化值调整前与调整后的效果对比，可以看到修改羽化值后选区的边缘很自然，没有很生硬的效果，如图1-5-7所示。所以说平时在通过矩形选框工具处理照片的时候，一定要注意羽化值的设置。

图1-5-5　用矩形选框工具框选图像的雪地部分

图1-5-6　在色阶面板上观看柱状图

图1-5-7　调整羽化值后的效果

椭圆选框工具

椭圆选框工具主要用于创建椭圆形状的选区。以下面这张照片为例，由于照片中的人戴着帽子，面部的肤色显得稍微有些暗。我们先用椭圆选框工具对其面部来做一个大概的圈选，如图1-5-8所示。

图1-5-8　用椭圆
工具圈选面部

如果将羽化值设置为零，就像刚才矩形选框工具操作时那样，圈选边缘是生硬的。所以这里要设立一个适当的羽化值。一般情况下，照片尺寸越小，羽化值就越小；照片尺寸越大，羽化值相对要大一些，要不起不到什么作用。现在设置一个适当的羽化值，并对面部做一个大概的圈选。因为人物的正侧面基本上趋向于椭圆形，所以大概做一个圈选就可以了，如图1-5-9所示。

在图层面板下方增加一个色阶调整图层，微微地调整一下面部的亮度，如图1-5-10所示。面部肤色调亮之后，可以对比一下效果，边缘并不是很生硬。这是快速选择并对某个区域进行单独调整的方法，调整后如图1-5-11所示。

图1-5-9　在选项栏设置合适的羽化值

图1-5-10　增加色阶调整图层

图1-5-11　对面部区域进行单独调整后的效果

套索工具

套索工具在平时处理面部肤色或者曝光不均匀的照片时用得比较多。套索工具主要是用来创建手绘的选区。

以下面这张人物照片为例。这张照片是在背光（相当于侧逆光）下拍摄的，没有对人物的面部用反光板，所以有些暗。现在如果像刚才那样用椭圆形选框工具做一个大概的圈选的话，由于侧脸和脖子的形状较为复杂，会有很多部位选择不到。这个时候选套索工具就比较合适了（如图1-5-12所示）。选择后，同样是使用调整色阶把面部调亮，如图1-5-13所示。

在这个实例中，因为这个图像本身尺寸较大，所以需要把羽化值设置得稍微大一点，再在人物面部做一个大概的圈选——按住鼠标左键，移动鼠标对面部以及脖子部分进行圈选，蚂蚁线圈定的区域就是选区。用这个方法把面部提亮，我们就能够比较轻松地完成面部色调的调整。处理完对比一下处理前后的效果，如图1-5-14所示。

图1-5-12　套索工具圈选面部和颈部

图1-5-13　增加色阶调整图层并对选区进行调整

图1-5-14　调整前后效果对比

多边形套索工具

多边形套索工具，用于创建有一定规则的选区。打开示例照片，可以看到右侧木屋色彩艳丽，看起来比较新、质感很强；左侧木屋则因为背光，质感显得较差。现在我们就用多边形套索工具对左侧的木屋做一个选择，单独进行调整，如图1-5-15所示。因为木屋的边缘相对来说比较规则，所以使用多边形套索工具进行选择比较方便。

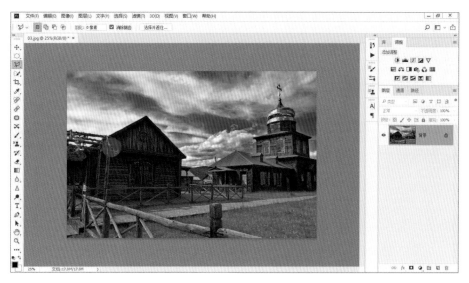

图1-5-15　用多边形套索工具进行选择

　　为了防止边缘过于生硬，在创建选区之前，要设立一个稍微小一点的羽化值，然后放大照片，再对木屋边缘进行选择。

　　选择的时候可以沿木屋边缘一点一点地单击鼠标，最后可以看到一个像句号一样的圆圈，就像一个句号一样，那样就是到结尾了，此时单击这个圆圈，完成选区，如图1-5-16所示。

　　创建完选区后，在图层面板找到色相饱和度，适当加一点饱和度。缩小看一下，对比下之前的效果，可以看到现在这个木屋的质感已加强，看起来新了不少，如图1-5-17所示。这个范例就处理完了，在处理这个范例的时候，一定要注意羽化值的设置。

图1-5-16　设置较小的羽化值后以多边形套索工具进行选择

图 1-5-17　增加饱和度后的效果

磁性套索工具

磁性套索工具适合用于那些边缘比较清晰，而且与背景颜色相差比较大的图像。如图 1-5-18 所示，在选项栏会看到除了羽化值设置外，还有宽度、对比度和频率。那么，它们的作用是什么呢？

图 1-5-18　磁性套索工具

宽度的作用在于能够定义磁性套索工具的检索范围，提高套索的准确度。

对比度用于设置套索区域背景色的反差，输入的数值越大，图像边缘的反差对比就越大，套索工具用起来也就越方便、越精准。

频率的大小则决定了套索时插入的锚点数。频率值越大，插入的锚点就越多。

因此对于一些细致且难以操作的照片，我们一般采用调高频率的方法来达到最好的套索效果。下面打开素材文件，如图 1-5-19 所示。先对雕塑中的马进行选择，马的大部分区域还是比较容易选择的。

对于人物的细节部分，如胳膊、绳索等，不太好选择，那么我们就把频率值提高到80，再把照片放大到合适的大小，然后对上面的人物进行选择。可以慢一些，让选择更精准。如图 1-5-20 所示。

图1-5-19　素材图的分析

图1-5-20　用磁性套索进行精准选择

　　磁性套索工具就像一个磁铁一样，会自动吸附。在主体与背景相差比较大的边缘，单击一下鼠标左键，然后沿着边缘拖动鼠标就可以了。轮廓边缘不太清晰的，可以单击一下继续拖动。最后在起点和终点结合处双击鼠标，就完成了选择。依次按组合键Ctrl+C和Ctrl+V，进行复制和粘贴，雕塑就被抠出来了，如图1-5-21所示。

　　对于多选的部分，可以结合其他工具，比如魔棒工具，单击一下，然后直接按键盘上的删除键就可以了，如图1-5-22所示。

　　最后抠出的雕塑，如图1-5-23所示。

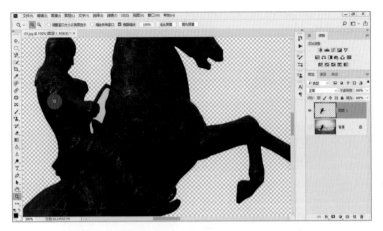

图1-5-21　把抠出来的雕塑粘贴在新图层

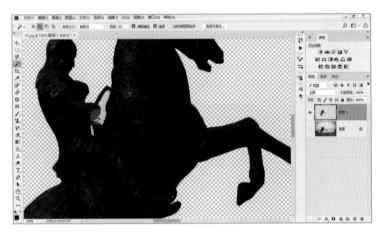

图1-5-22　用魔棒工具将多选的部分删除

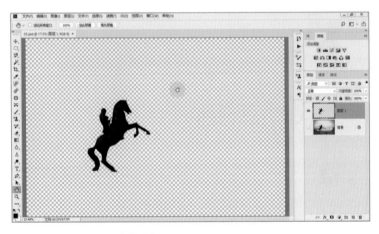

图1-5-23　最后抠出的完整雕塑

快速选择工具和魔棒工具

对初学者来说，最简单的选择工具还是快速选择工具和魔棒工具，如图1-5-24所示。魔棒工具是Photoshop提供的一种比较快捷的抠图工具，对于一些分界线比较明显的图像，通过魔棒工具可以快速地将图像抠出。而快速选择工具出现之后，大大提高了模仿颜色选取与识别的精准度。我们可以通过调节快速选择工具的大小，来创建选区。

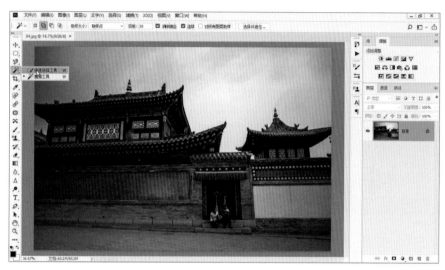

图1-5-24　快速选择工具和魔棒工具

工具大的话，能够选择更大的范围，工具小的话，选择得更精准。可以在选项栏通过改变参数来改变快速选择工具的大小，如图1-5-25所示。接下来就以具体范例来演示如何改变天空的颜色。

图1-5-25　在选项栏设置快速选择工具的参数

我们计划做一个夕阳下的天空效果。示例照片现在看起来是阴沉沉的,天空是蓝灰调子。首先我们用快速选择工具选择天空部分,如图1-5-26所示。

图1-5-26　选择天空部分

第一次选择之后,快速选择工具的选项栏自动变为添加到选区,我们可以继续添加没有选择到的部分,如那些比较细微的部分,直到选择了完整的天空,如图1-5-27所示。

图1-5-27　添加选区

在图层下面的面板中选择曲线，选择红通道，增加一点红色，如图1-5-28所示。然后选择蓝通道，把蓝光减弱一点，出现下午的金黄色天空的效果，如图1-5-29所示。关于如何在曲线里调色，将会在第2章中详细介绍，这里就不再多说。这是我们用快速选择工具做的一个示范效果。

图1-5-28　调整红通道曲线

图1-5-29　天空变为金黄色调

同样是这张照片，也可以用魔棒工具选择天空。魔棒工具主要是用来选择颜色比较类似的图像区域。通过调整容差值可以设置颜色取样时的范围。容差值越大，选择的范围就越大；容差值越小，选择的范围就越小。如图1-5-30所示。

这个画面里的天空是从白到灰到蓝很干净的渐变，但是如果容差值设置太小，天空也不容易一下子被选择全，所以容差值可以适当大一点，如图1-5-31所示。

图1-5-30 用魔棒工具选择天空

图1-5-31 设置魔棒工具容差值

在选项栏单击添加到选区图标，继续单击其余的天空部分，如图1-5-32所示，这样把整个天空都选择上，如图1-5-33所示。选择之后用同样的方法改变天空的颜色，即在调整面板选择曲线，在弹出的曲线面板中增加一点红光，减弱一点蓝光，就能得到夕阳西下的暖色调效果，如图1-5-34所示。

至此，选择工具的几个用法就全部演示完了。

图1-5-32　添加其余天空部分到选区

图1-5-33　整个天空被选择

图 1-5-34　调整后的效果

打开照片的三种方式

第一种方式是选择"文件"—"打开"菜单，然后在对应的文件夹里选择要打开的照片就可以了，如图 1-5-35 所示。关闭照片时，单击文件右侧的关闭按钮，就可以将这个文件关闭，如图 1-5-36 所示。

图 1-5-35　通过菜单打开文件

图 1-5-36　关闭文件

第二种打开文件的方式是在空白的工作区域双击鼠标右键，在打开的对话框中选择照片然后单击"打开"按钮或双击也可以将照片打开，如图 1-5-37 所示。

第三种方式是将照片直接从文件夹拖曳到 Photoshop 的工作区中打开，选择照片之后将其拖曳到工作区域，当鼠标指针箭头下面有个加号的时候，松开鼠标左键，也可以将照片打开。这是打开照片的第三种方式，如图 1-5-38 所示。

图1-5-37　双击打开文件

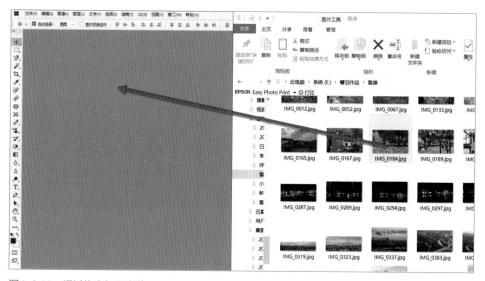

图1-5-38　通过拖曳打开文件

另外一点是关于存储照片。如果想在原始照片上进行存储，比如说现在为原始照片做了一个黑白效果，按Ctrl+S组合键对文件进行存储就可以了，这样可以把原来的文件覆盖掉，如图1-5-39所示。

图1-5-39　存储文件

但是把原始文件覆盖掉
只适用于不需要再做修改的
最终文件。通常情况下，我
们可以把文件另存为PSD
文件保存，以方便以后可以
随时进行修改。此时可按
Ctrl+Shift+S组合键，为
修改后的文件另外取一个名
字，将文件存储为PSD文
件，如图1-5-40所示。

图1-5-40 文件另存为

1-6 修修补补出精品

首先将工具箱打开，来看一下要介绍的
几个工具，如图1-6-1所示。第一个是污
点修复画笔工具，第二个是修复画笔工具，
第三个是修补工具，第四个是内容感知移
动工具，第五个是仿制图章工具。

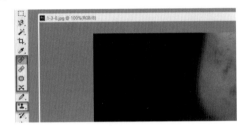

图1-6-1 将要用到的工具

污点修复画笔工具

先来介绍污点修复画笔
工具。这里以一张人像照片
为例。打开这张照片会发
现，人物面部的青春痘斑点
比较明显。我们可以用第一
个工具——污点修复画笔工
具对其进行修复，把面部的
斑点、雀斑以及青春痘去
掉，如图1-6-2所示。

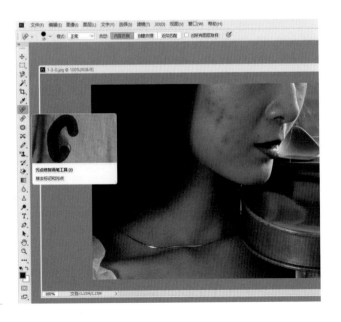

图1-6-2 污点修复画笔工具

复制图层，选择污点修复画笔，如图1-6-3所示。

　　现在将鼠标指针放置在青春痘的地方，可以发现这个画笔太大了，容易把其他部分也复制过来，这时可以按Ctrl+Z组合键，撤回到刚才的状态。在修复之前，需要对上方的选项栏进行设置。首先单击设置画笔的大小，设置完之后可以将鼠标指针放置在青春痘比较明显的地方，看一下画笔的具体大小；然后设置硬度，硬度数值越大，边缘越硬，所以照片后期时一般会把硬度数值降低；模式设置为"正常"；类型为"内容识别"，如图1-6-4所示。

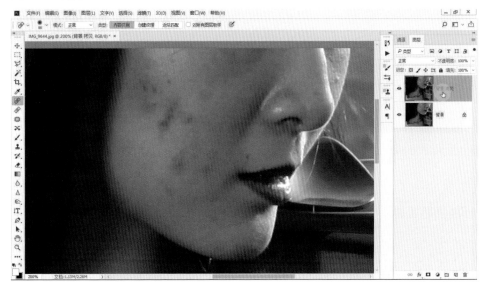

图1-6-3　复制图层

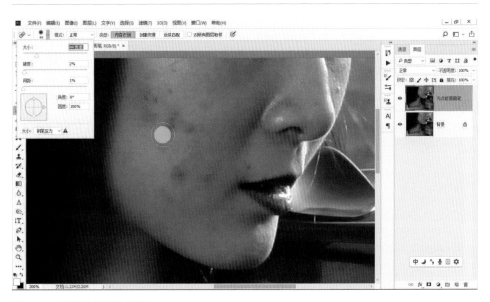

图1-6-4　设置画笔和选项栏

现在开始去除面部的青春痘和斑点，用鼠标很快地在痘痘比较明显的地方单击一下，痘痘或斑点就被去掉了，如图1-6-5所示。单击鼠标右键可以不断地调整画笔的大小，来修复人像面部比较明显的斑点和痘痘。看一下效果，是不是很快呢？

图1-6-5　去除瑕疵

修复画笔工具

现在讲解第二个工具"修复画笔工具"的用法。修复画笔工具同样可以去除人像面部的瑕疵。同样使用这张照片，再复制一个图层，将其命名为"修复画笔"。选择修复画笔工具之后看一下选项栏，第一个设置是画笔大小，模式默认为"正常"取样，其他选项默认就可以了，如图1-6-6所示。

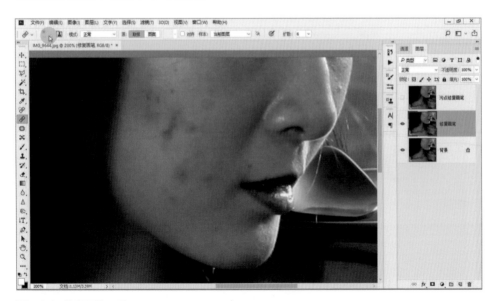

图1-6-6　修复画笔工具

现在仅仅在青春痘比较明显的地方单击是不能进行修复的，应该先按住键盘上的Alt键进行取样，使用方法和仿制图章工具差不多。现在按下键盘的Alt键，在没有痘痘的地方单击进行取样，然后将鼠标指针放置在有痘痘的地方进行涂抹，很快这个明显的痘痘就被去掉了。可以不断取样，以便修复之后的效果比较自然。但要注意，一定要在周边皮肤比较接近的地方进行取样，这样过渡会比较自然。如图1-6-7所示。

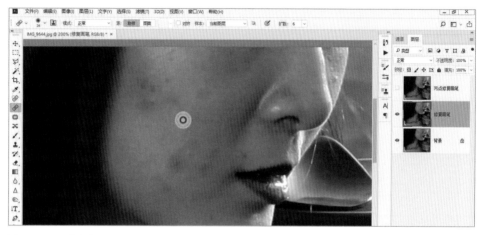

图1-6-7　取样修复

　　注意取样的位置不要太远，一定要在周边的皮肤进行取样，因为取远了皮肤颜色不太一样。这样面部比较明显的痘痘、斑点就被去除掉了。这是修复画笔工具去除面部瑕疵的一个用法。它的优点就是可以手动进行取样，相对来说比较精准，修复过后，可以自动和周边的皮肤相融合，效果会比较自然。如图1-6-8所示。

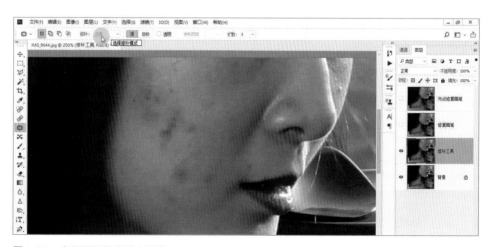

图1-6-8　在相近似的皮肤上取样

修补工具

现在介绍第三个工具"修补工具"的用法。首先复制一个图层，将其重命名为"修补工具"。单击修补工具之后，选项栏中默认为新选区，修补模式为"正常"，其他选项为默认设置就可以了，如图1-6-9所示。

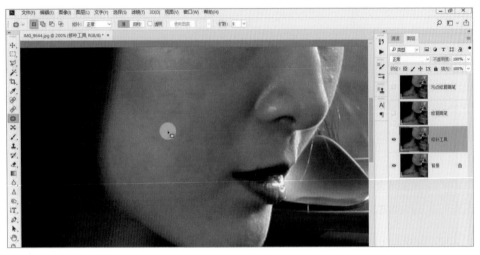

图1-6-9　修补工具

在痘痘比较明显的地方进行圈选，然后将选区移动到没有痘痘的地方，松开鼠标左键，有痘痘的地方就会被没有痘的地方自动融合，效果也是比较自然的。这个工具操作时不用取样，更灵活一点，而且速度更快。操作时可以在面部一下选择很多地方，快速地去除面部的一些斑点以及痘痘和法令纹。该工具不仅操作起来比较快，而且区域的选择也比较自由。这便是利用修补工具去除脸部瑕疵的优势：选择自由，速度比较快，效果也比较好。

内容感知工具

内容感知工具的用法很特殊。打开示例文件后，选择内容感知工具，可以看到选项栏中模式为"移动"，结构为"4"，颜色为"0"，其他就不用变了，如图1-6-10所示。

然后我们选择左侧的树向右移动，移动到如图1-6-11所示的位置，这时这棵树已经自动和背景融合在一起。

图1-6-10　内容感知工具的选项栏设置

图1-6-11　使用内容感知工具填充

现在按键盘上的Ctrl+D组合键，取消选区，效果如图1-6-12所示。对于一些填充效果不太理想的地方，可以手动进行修复。请继续看下面的仿制图章工具部分。

图1-6-12　填充后的效果

仿制图章工具

下面介绍仿制图章工具。选择仿制图章工具之后，看一下上面的选项栏，画笔的大小可以设置，模式为"正常"，不透明度可以随时根据需要进行更改，流量及其他设置不用动，保持默认数值，如图1-6-13所示。

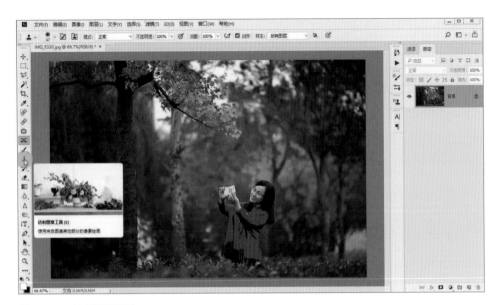

图1-6-13　仿制图章工具

　　刚才移动树干并使用内容感知工具进行了自动填充，填充后发现效果还不够完美，此时可以利用仿制图章工具来进行修复。按住键盘上的Alt键的同时用鼠标在周边进行取样，然后在这个不理想的黄色地方进行涂抹修复，很快就将背景修复完成，效果如图1-6-14所示。

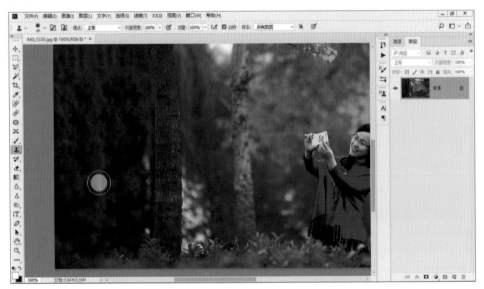

图1-6-14　修复后的效果

　　树上的叶子也可以用这个方法修复。选择仿制图章工具，单击鼠标右键设置画笔大小，选择合适的叶子和树干进行取样复制，来进行精细的修复。树干上不自然的部分可以利用

仿制图章工具复制一些好看的
树叶，把它覆盖掉。注意在复
制的时候要把不透明度适当降
低一点点，再找一些合适的树
叶进行修复。好了，很快就完
成修复了，如图1-6-15、图
1-6-16所示。这就是仿制图章
工具的用法。

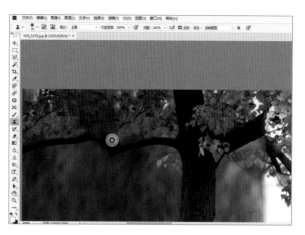

图1-6-15　细小处的精细修复

图1-6-16　完成效果

　　来看下一页的这张照片，我们分析一下仿制图章工具和修复画笔工具的相同点和不
同点。相同点是为了修复照片，都需要到某个区域进行取样。它们的不同点，我们操作
一下大家就明白了。首先选择修复画笔工具。按住键盘上的Alt键进行取样，对这艘小船
进行复制后，小船会和背景很自然地融合，边缘非常自然，如图1-6-17所示。

　　接下来用仿制图章工具。同样取样，然后复制。复制之后放大观看会发现其边缘有
一些不自然。我们可以再复制一艘小船，会发现边缘依然很不自然，复制的这个区域不
能和背景很自然地融合，如图1-6-18所示。

　　回过头来再示范一次。用修复画笔工具修复比较暗的地方，会发现被修复的区域和
背景很自然地融合，边缘非常自然，如图1-6-19所示。这就是这两个工具的区别，大
家在使用的时候一定要注意这个问题。

图 1-6-17　修复画笔工具效果

图 1-6-18　仿制图章工具效果

图 1-6-19　修复画笔工具的融合效果

1-7 二次构图有技巧

首先我们来分析照片。打开素材文件，这是在福建霞浦拍摄的照片。拍摄的时候由于镜头不够长，取景范围比较广，照片构图上感觉不够理想，如图1-7-1所示。

图1-7-1 取景比较广的原照片

这张照片里船呀货呀比较多，因为在山上往下面拍，距离比较远，感觉画面乱七八糟的。这时就需要裁切一下，以使照片更简洁、更出彩，如图1-7-2所示。

图1-7-2 分析照片构图

裁切工具

有时大家会找不到裁切工具，所以这里再给大家说一下。大家需要在菜单栏中选择
"窗口"—"工作区"—"摄影"，如图1-7-3所示。如果是其他工作模式则有可能裁切工具
显示不出来。

图1-7-3 选择工作区

有些同学可能对这个"工作区"选项比较感兴趣。目前我们选择的是摄影工作区，
这是专门针对摄影师设置的一个功能区，可以方便摄影者快速找到自己需要的命令和工
具。而其他的工作区比如3D、图形和Web、动感、绘画等工作区，则比较适合其他类
型的工作，比如制作三维模型贴图、制作网站和UI界面、制作动画效果、进行绘画等等，
包括有很多不同的命令和工具。所以要注意，找不到工具的时候，只要选择摄影工作区，
基本的一些调整命令菜单和工具就出来了，如图1-7-4所示。

接下来我们讲裁切工具的
用法。比如说示例的这张照片，
我们要进行画面裁切二次构
图，以弥补拍摄时设备的不足，
来挽救没有更长焦段镜头带
来的遗憾。但是这种裁切方式
会缩小照片的整个尺寸，对画
质造成影响。原始照片尺寸是
5616像素×3744像素，裁切
之后尺寸肯定要缩小，如果本
来画质不佳，进行裁切时就要
更慎重了。

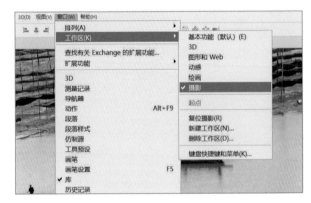

图1-7-4 摄影工作区

三等分

　　裁切的过程中，单击鼠标左键拖曳一个裁切框出来，周边是裁掉不要的，中间部分则是我们需要的。画面自动会出现一个井字格，在裁切工具的选项栏里可以选择参考线的样式，比如说三等分。我们现在的选择就是三等分，如图1-7-5所示。把整个画面三等分之

后，把主要的人物或其他重点部分放在交叉点位置。

图1-7-5　选择三等分

　　讲到这儿就说说构图，构图是指对一张照片进行合理的布局，这是一般通俗的理解。这个画面中的人物放在感觉合适的位置之后，可以双击鼠标左键进行裁切。裁切的过程中可以看一下怎么移动裁切的线条，这里选项栏中选的是"比例"，这是最自由自在的一个选项了，可以随意拖动四个角。感觉合适了双击鼠标左键，裁切就完成了。经过裁切之后，画面会变得更加简洁，如图1-7-6所示。

图1-7-6　将人物放置在三等分交叉点附近

前面处理的两张照片是前几年拍摄的，现在的数码相机像素是越来越高了，所以说裁切这么大范围是没有一点问题的。

打开素材文件，这张照片在裁切时要注意保持水平线的水平状态。裁切的时候一般默认三等分，观看画面，感觉石头不是特别漂亮，可以考虑把它裁切掉，再把云裁切掉一部分，然后双击鼠标左键。整个画面构图看起来不再那么空旷和平淡，画面丰满起来了，如图 1-7-7 所示。

图 1-7-7　裁切使画面变得丰满

再来看另一个素材文件。这张照片很有意思，是在福建霞浦拍的。当时用了200mm端（镜头为70mm-200mm），但还是不够长，画面不够精简，船啊、人啊比较分散。先用快捷键 Ctrl ++（加号）或-（减号），对画面进行缩放直至合适的大小。

把这两个人放在三等分线的位置，这是一种构图方式。也可以把小船单独放在三等分线的位置，后面是大片的紫菜，即一个点、一条线、一个面的构图方式。在构图过程中，可以把照片放大或缩小帮助观察和思考，琢磨怎么去构图，比如应以船为重心还是以人物为重心等等，如前页图 1-7-8 所示。

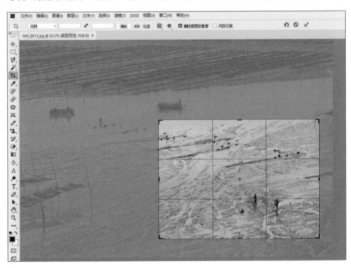

图 1-7-8　一张照片的多种构图

网格

　　裁切工具的选项栏中还有一个选项是"网格"，在选项栏中选择网格，画面会以网格线的形式出现，如图1-7-9所示。这种模式可以方便我们观看水平线和垂直线。一些风光照片比如河流湖泊等风景可以用它来参考水平线，一些建筑类的照片也可以用它来透视裁切工具，后面的章节会详细讲解。

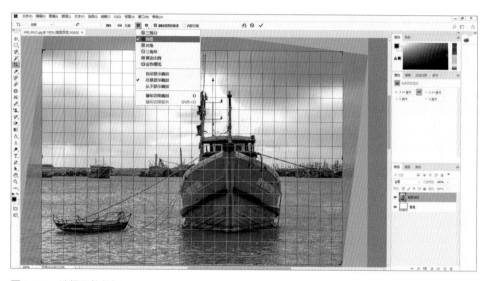

图1-7-9　选择网格裁切

对角

　　利用对角线进行构图，是摄影中常用的一种构图方法。在裁切工具的选项栏中选"对角"，可以进行辅助裁切，二次构图。打开素材文件，这个例子就演示了如何参考对角线进行裁切，如图1-7-10所示。

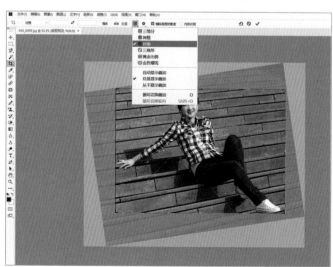

图1-7-10　对角裁切

三角形

三角形构图也是一种常见的构图方法。正立的三角形可以传递出稳定的画面效果，倒立的三角形则给人以不稳定、紧张的感觉。打开素材文件，可以看到这张照片中有一些三角形的山峰，这给二次裁切构图提供了参照，在选项栏中选择"三角形"后对画面进行裁切，效果如图1-7-11所示。高像素的数码照片给二次裁切构图提供了多种可能。

图1-7-11　三角形裁切

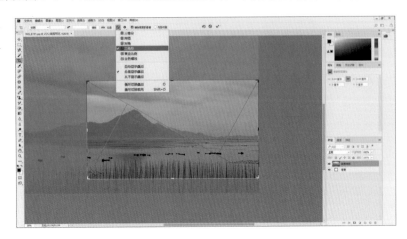

黄金比例

黄金比例就是咱们平时说的黄金分割点。它和三等分很像，只是位置略有区别。黄金分割点也处于画面中非常显著的位置，可以供二次裁切构图时参考。打开素材文件，选择裁切工具，在选项栏中选择"黄金比例"，你会看到也出现一个井字格，只是较"三等分"来说，井字格上的点更集中，这个点就是黄金分割点的位置。

把照片中占比重很小的人物放置在黄金分割点附近，重新变换构图。高像素照片为裁切带来方便，使你可以有多种构图选择。不同的裁切方法可以得到不同的照片，如图1-7-12所示。

图1-7-12　黄金比例裁切

在选项栏分别选择"三等分"裁切和"黄金比例"裁切进行比较，多揣摩以使构图最符合自己的需要。这些参照点对于构图非常方便，物体不一定必须安排在这些交叉点上，可以在其上下左右附近。有了这些大概的参考线，我们可以很方便地裁切出构图舒适的画面。不同的画面、不同的效果、不同的视觉中心，通过裁切画面来进行二次构图也是有不同的乐趣的。如图1-7-13、图1-7-14所示。

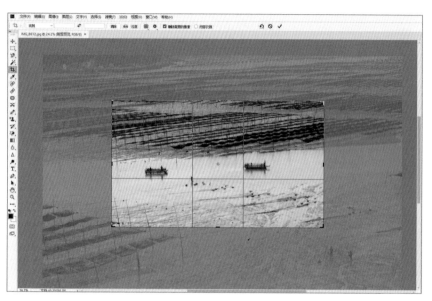

图1-7-13　黄金比构图之一

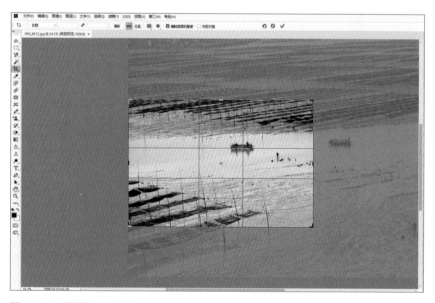

图1-7-14　黄金比构图之二

黄金螺旋

　　螺旋形构图是一种常见的构图方法，裁切工具选项栏中最后一个选项就是黄金螺旋构图。黄金螺旋就是指在矩形中按照黄金比率进行不断分割，切点的连线形成黄金螺旋，如图1-7-15所示。

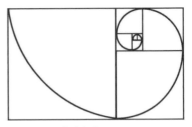

图1-7-15　黄金螺旋

　　打开素材文件，可以看到这张照片中有类似螺旋状的楼梯，中间有一个人物。在使用裁切工具裁切时可以选择黄金螺旋选项，用它的参考线做裁切参考，把这个人物或趣味中心点放在螺旋切线的位置，如图1-7-16所示。

图1-7-16　黄金螺旋裁切

透视裁切工具

　　下面我们来看看透视裁切工具。透视裁切工具是干什么用的呢？大家可以看一下，比如说我们拍的一张建筑物照片，如图1-7-17所示。这张照片是用广角镜头18mm端拍摄的，可以看到照片中的大楼有非常明显的透视形变，但是我们做建筑画册、做宣传广告时不需要这么厉害的变形，那么这个时候怎么办呢？

图1-7-17　透视裁切工具

这时我们可以用透视裁切工具校正一下。选择透视裁切工具之后框选整个画面，拖动上面左侧的角柄向右移动以使边线和大楼接近平行，然后双击鼠标观看效果，如图1-7-18所示。

现在发现画面重心向左倾斜。我们再使用透视裁切工具将整个画面全选，并拖动右侧的角柄向左移动，使参考线与大楼接近平行，如图1-7-19所示。

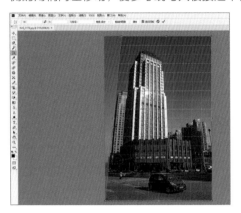

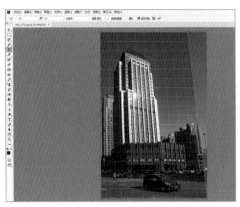

图1-7-18　拖动左上侧角柄

图1-7-19　拖动右上侧角柄

双击鼠标后画面如图1-7-20所示，现在视角改变了，透视感没那么强烈了，画面的构图也发生了变化。

图1-7-20　完成效果

2

用简单工具就可以达到
你想要的效果

2-1　分清图层才不会出乱子

　　在后面的章节中，会对范例中遇到的一些关于图层问题做讲解。

　　首先打开素材文件，这张照片是在新疆的安吉海大峡谷拍摄的。拍这张照片时，适逢下雨，天气不是很好，灰蒙蒙的，因此画面不够通透，照片显得发灰，如图2-1-1所示。

图2-1-1　原照片发灰

图层原理

　　下面我们通过这张照片的调整来了解图层的一些概念和应用。先来看对调整图层的三个方法。

图2-1-2　调整
菜单

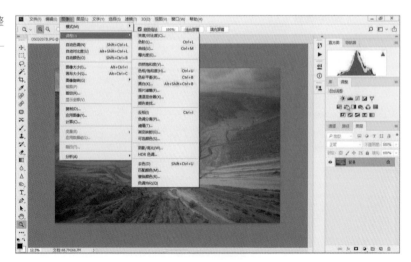

（1）通过执行"图像"—"调整"菜单中的命令来调整，如前页图2-1-2所示。

（2）在图层调整面板下方单击"创建新的填充或调整图层"图标，在弹出菜单中选择命令来调整，如图2-1-3所示。

图2-1-3　通过图层调整面板下面的图标选择命令

（3）通过在图层调整面板上添加调整命令来调整，如图2-1-4所示。

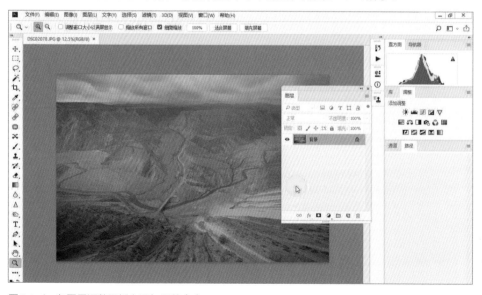

图2-1-4　在图层调整面板上添加调整命令

我们先使用第一种方法，执行"图像"—"调整"—"色阶"命令，打开色阶对话框。这个对话框大家看起来是不是很眼熟？对了，这里看到的就是直方图，经常拍照的读者在相机的液晶取视器上都可以看到它。色阶一般用直方图来表示，它由横轴和纵轴来表示，左侧黑色滑块部分是画面的暗部信息，中部的灰色滑块部分是画面的中间部信息，右侧白色滑块部分显示的是画面最亮部分的信息，如图2-1-5所示。

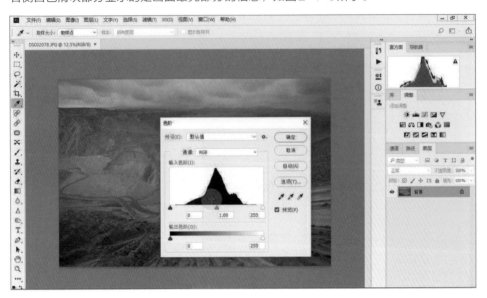

图2-1-5　色阶对话框

观察照片的直方图，会发现信息基本上都集中在中间部分，最亮部分和最暗部分信息很少，这样的照片画面就会呈现灰蒙蒙的状态。那么怎么调整呢？只需要补上缺失的信息就可以了。将左边的黑色滑块慢慢向右移到"山峰"底部左侧位置，将右边的白色滑块向左移动到"山峰"底部右侧位置，看一下效果是不是好多了。这个方法很简单：补缺失。调整完成后单击"确定"。如图2-1-6所示。

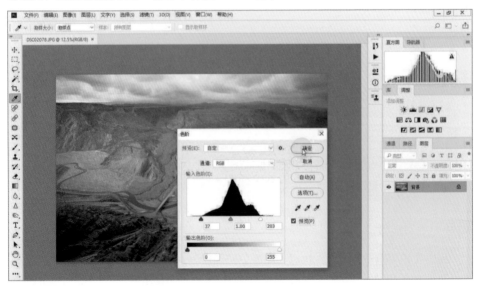

图2-1-6　补色阶缺失

现在，虽然照片调整完了，但是我们发现这个操作是在背景图层上做出的，如图2-1-7所示。如果在背景图层上做调整，假如调整错了或者调整得不太理想再想修改的话就会比较困难，因为背景图层已经被破坏了。有的读者可能会说再复制一个图层进行调整就不会破坏背景图层了吧？方法当然可以。但是如果图层复制太多会影响计算机的运行速度，另外的问题是图层多了你就分辨不出来什么图层是干什么用的了。

图2-1-7　在背景图层上调整

针对这种情况，我们现在使用第二种方法——通过调整面板来调整。先回到初始状态（可以通过历史记录菜单返回）。现在看一下位居图层面板上方的调整面板，这里有很多黑白图标，通过这些图标可以打开调整图层命令，如图2-1-8所示。这些命令和图层面板底部的"创建新的填充和调整图层"中的命令是一模一样的。

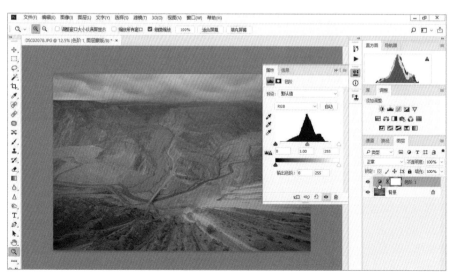

图2-1-8　通过调整调板调整

单击调整面板里面的"创建新的色阶调整图层"按钮，自动为照片增加一个调整图层。在出现的属性对话框中可以对照片进行色阶调整，和前文中图像调整菜单中的色阶命令调整方法相似，灰蒙蒙的照片很快得以调整完成，效果是一模一样的，如图2-1-9所示。

图2-1-9 通过
调整面板创建
色阶调整图层

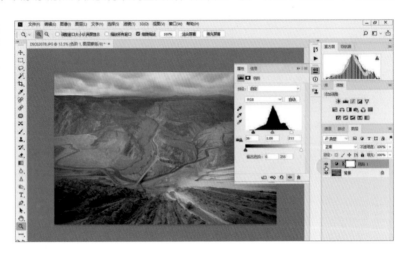

但通过这种方式会自动建立一个调整图层。这说明什么呢？说明我们的调整没有在背景图层上直接起作用，而是悬浮在图层之上并对背景图层产生作用，就像叠加在背景图层上的一张透明纸，你可以在上面作画并影响到背景图层的效果但并不会破坏背景图层。如果画错了，可以直接把上面的透明纸一扔，重新创作。

我们再来用第三种方法调整这张灰蒙蒙的照片。图层面板下侧是背景图层，最下方有多个图标，对应多个命令，其中最重要的是"创建新的填充或调整图层"图标。这个选项中有很多的命令菜单，可以调整曝光、色彩、偏色等，和Photoshop图像调整菜单中的命令基本一致，但是使用起来更为方便快捷。另外一个好处就是，比

起直接在图像上调整，调整图层命令不会破坏背景图层。因为这个图标由半个黑圈和半个白圈组成，所以有时候大家也把它简称为"黑白圈"，如图2-1-10所示。

图2-1-10 选择色阶
命令

关闭属性对话框，把刚才的调整图层删除掉。删除图层的方法也很简单，拖动调整图层到图层面板下方的垃圾箱图标处就可以了。单击图层下面的"黑白圈"图标，也就是"创建新的填充或调整图层"图标，在弹出的菜单中选择"色阶"，就为图层增加了一个色阶调整图层，如图2-1-11所示。

图2-1-11　为图片添加色阶调整图层

调整图层是如此的方便，所以我们在调整照片时要尽量使用这种方式来调整，而且最重要的是它不会破坏背景图层。

如果不小心把图层面板关闭了，在窗口菜单里面寻找图层命令就可以重新把它打开。其他面板也是这样，找不到工具命令菜单都可以在窗口里面找。

无论是对颜色的调整还是曝光的调整甚至是在图层上打字画画，都不会影响下面的图层。此外，图层和图层之间还可以相互叠加，呈现出千变万化的效果。

我们用一张图来介绍一下图层。图层就像一个玻璃板一样，从最下面的背景图层，然后是第一层、第二层、第三层……一直持续，如图2-1-12所示。据说Photoshop可以支持数百层之多，只要硬件跟得上。我们可以在照片上一层一层进行调整，每层可以是涂层也可以让它透明或半透明，每一层我们都可以进行复杂的处理。

图2-1-12　图层就像叠加的玻璃层

新建图层和复制图层

再给大家介绍一下如何新建图层、复制图层，以及一些基本的图层操作。我们可以通过菜单命令"图层"—"新建"—"图层"命令新建图层；也可以使用快捷键Shift+Ctrl+N来新建图层；但更常用的是在图层面板下方单击右侧的"创建新图层"图标。如果不想要图层了也很简单，直接拖到下方的垃圾篓图标处就可以删除图层。如果配合键盘上的Shift键或Ctrl键，还可以选择多个图层删除。配合Shift键可以选择相邻的多个图层，配合Ctrl键可以选择不相邻的多个图层。如图2-1-13所示。

图 2-1-13　新建
图层与删除图层

图层面板左侧有一个眼睛图标，用于显示图层的可见性，如前页图2-1-14所示，单击它可以查看图层调整前后的效果。另外，配合键盘上的Shift键或Ctrl键选择多个图层后，还可以通过图层面板下方的链接图层图标将其链接起来，对它们进行同时操作，比如同时删除图层、移动图层或变大变小等。

图2-1-14　显示图层的可见性

更换天空背景

现在以实例的方式讲解一下图层具体的应用。我们先从照片分析开始。图2-1-15所示照片是在云南罗平拍摄的，当时天气不是很好，阴天，灰蒙蒙的。这里用这个范例来讲解图层，当然不是说这一类照片必须换背景，而仅仅是以这个范例说明图层的一些使用技巧。

图2-1-15　罗平油菜田原照片

图2-1-16所示的照片是在青海拍摄的一张天空的照片。把它打开放置到合适的位置，降低不透明度，看一下在该位置的放置效果，基本上还可以。接下来只需要删

图2-1-16　天空素材照片

除上面图层的天空背景就可以了，删除后就能显示出下面图层的蓝天，如图2-1-17
所示。

图2-1-17　拖入天空素材

　　背景图层是不能移动操作的，这是因为该图层被锁定了。图层面板右侧有个小锁图
标，单击一下就可以解锁，这样就可以把背景图层放在蓝天图层上方，如图2-1-18所示。

图2-1-18　解锁背景图层并将其放置在天空图层上面

重命名图层

如果叠加的图层过多，就会很容易搞混，这个时候对图层进行合适的命名可以方便查找。在图层面板上双击图层缩览图就可以对它进行重新命名，给它一个恰如其分的名字，比如蓝天素材、油菜花素材，在后期使用的时候就方便多了，如图2-1-19所示。

图2-1-19　重命名图层

选择工具

在图层面板右上角的弹出菜单中选择面板选项，打开图层面板选项对话框，在对话框中可以将缩览图设置得大一些，方便观察，如图2-1-20所示。

图2-1-20　设置大缩览图观察方式

现在开始替换照片背景的天空，把原来的天空变成蓝天。前面我们学习了选择工具，其中魔棒工具、快速选择工具都是效率较高的选择工具，用它们来快速去除边界较清楚的背景很快捷。用快速选择工具，选择要删除掉的原来的天空，按下键盘的删除键，下面的天空就露出来了，如图2-1-21所示。

图2-1-21　用快速选择工具选择原片天空并将其删除

这相当于两张照片，一张照片是蓝天白云，另外一张是需要换天空的，我们把需要换天空的照片的天空部分剪掉，叠加在这个蓝天白云的照片上，组成了一个新图像。

这里使用的快速选择工具和删除键其实就相当于剪刀，利用它们我们去除了原来的天空。背景的蓝天可以根据需要移动一下位置，以使其衔接更自然，边缘部分还可以适当用橡皮擦擦一下，让过渡自然一点。

上一章介绍了如何去除雕塑的背景，有些读者可能操作了很长时间都没有办法把背景去掉，原因就是图层没有管理好，在带背景的那个图层中你没有真正把背景删除掉。这就是理解图层概念的意义，一定要理解图层，以后的照片调整，基本上每一步都涉及图层。

再来说橡皮擦工具，可以选择柔软一点的，单击鼠标右键设置合适的大小，在上层图层边缘涂抹，让两张图自然融合，如图2-1-22所示。

图2-1-22　用橡皮擦修边缘

本节并不单纯是讲解如何换背景，还介绍了图层的基本知识，帮助读者了解图层的前后关系，熟悉删除图层、复制图层、图层联动等基本操作。

二次曝光

看一下下面这两张照片。素材照片1是在老君山拍摄的，如图2-1-23所示；素材照片2是云海照片，如图2-1-24所示。

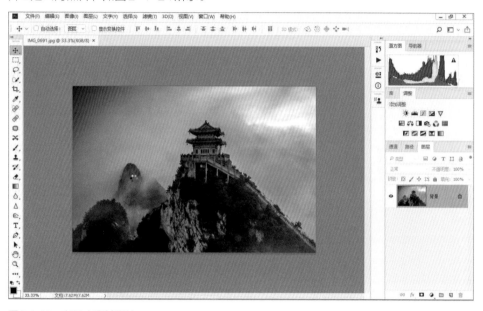

图2-1-23　老君山素材照片

图2-1-24　置入云海素材

打开这两张照片，使用缩放工具将照片调整到以合适的大小显示之后，如果想做二次曝光效果，怎么做？这时可以使用图层混合模式。在图层面板的左上侧有一个图层的混合模式选项，默认设置是正常，单击可以打开弹出菜单，里面有很多种效果，如正片叠底、颜色加深等。菜单里有个变亮选项我们平时用得比较多，类似于相机里的二次曝光效果。两个图片叠加在一起，还可以通过调整透明度，创造出不同曝光特效的照片，如图2-1-25、图2-1-26和图2-1-27所示。

图2-1-25　图层混合模式变暗效果

图2-1-26　图层混合模式变亮效果

图2-1-27　调整图层透明度

调整色调

　　来看最后一个范例。打开素材文件，如图2-1-28所示。这张照片拍的是黄昏落日，光比比较大，显得有些曝光过度了，但是它可以作为素材来用。虽然前景不是很好，但是天空还是很漂亮的。把图层解锁，将天空放置在下面，将要调整的素材放在上面，用

图2-1-28　曝光过度的素材原照片

快速选择工具选择要换的天空部分后删除，下面的天空就显示出来了。衔接部分可以用橡皮擦工具擦除一下，以使过渡更柔和一些，如图2-1-29、图2-1-30、图2-1-31、图2-1-32和图2-1-33所示。

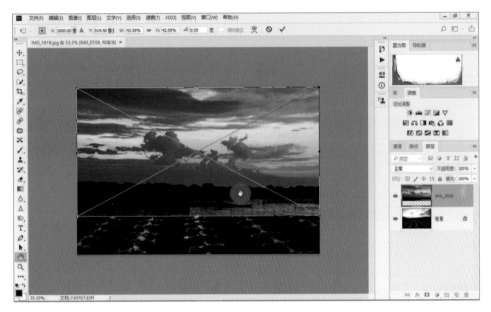

图2-1-29　置入天空素材

图2-1-30　改变图层上下顺序

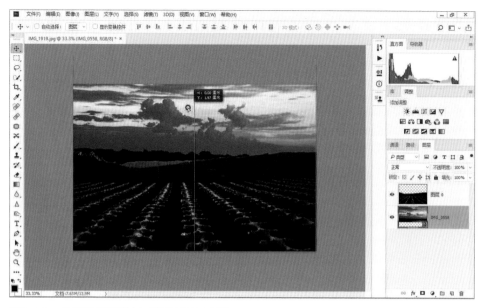

图2-1-31　快速选择后删除上层图层的天空部分

图2-1-32　调整天空位置

　　天空更换后，我们发现地面的反光和天空色调不一致，地面偏冷而天空是暖红色调。此时可以利用色彩平衡命令，加一点黄和一点红，来改变地面的色倾向，使其变成暖暖的颜色，整个画面就比较协调了，如图2-1-34所示。

图2-1-33　修整天空边缘部分

图2-1-34　调整色彩平衡，纠正色偏

　　最后的效果如图2-1-35所示。在这个范例中我们不断地用到图层的操作，包括图层的调整、复制、新建、删除等。因此只有牢固掌握了图层的基础知识，后面操作时才会提升效率，所以说分清图层至关重要。

图2-1-35　最终完成效果

小工具

　　打开素材文件，这张照片拍的是四月份新疆的杏花雪，灰蒙蒙的照片说明它的曝光是需要调整的。这个范例第一步就是先纠正曝光，可以使用调整图层中的色阶调整图层，在色阶对话框中补充亮部缺失，把花提亮一点，如图2-1-36所示。

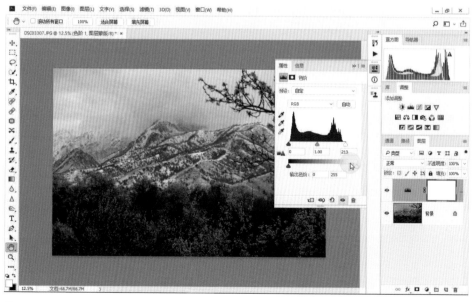

图2-1-36　用色阶调整图层调整

但整体提亮后主体还是不够醒目，此时可以配合一些小工具来进行调整。先复制背景图层，然后选择工具库中的减淡工具在背景拷贝图层上的主体花上涂刷，就把主体给突出出来了，如图2-1-37所示。

图2-1-37　复制背景层后用减淡工具减淡主体

配合小工具的使用，可以得到事半功倍的效果。下面来看加深工具，同样道理，比如某一个部分想要加深，用这个工具会很简便。前面我们把整张照片的曝光提高了，花亮了但是背景也亮了，此时就可以用加深工具将背景涂得暗一些，加强照片的对比，如图2-1-38所示。

图2-1-38　适当加深环境

平时我们可能不太注意这些不起眼的小工具，但有些时候局部调整时使用它们效果很好。"加深""减淡"可以配合、对照使用，效果还是很明显的，最后的效果如图2-1-39、图2-1-40和图2-1-41所示。

图2-1-39　使用加深工具加深暗部

图2-1-40　使用减淡工具减淡前景

图2-1-41 对照使用加深和减淡工具后的效果

　　再来说黑白工具。黑白工具是根据颜色来调整的，不是说直接变成黑白就算了。我们来看一下画面中的红色、绿色、黄色转换后是怎么变化的（如图2-1-42所示）。转换后的照片变成了有层次的黑白照片，而这些层次在转换前都分属不同的色彩。了解了这一点，就可以根据色彩的实际情况和需要在调整图层时对这些色彩进行适度的调整，如图2-1-43所示。

图2-1-42 利用调整面板转换为黑白照片

图2-1-43　根据色彩实际情况进行微调

　　我们将这张照片处理成了黑白水墨画，并在最后为其加上了印章，效果如图2-1-44和图2-1-45所示。

图2-1-44　添加印章

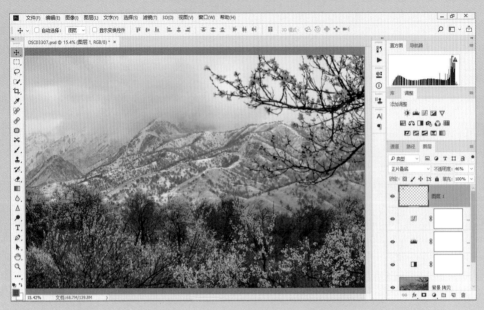

图 2-1-45　最终的黑白水墨画效果

2-2　通道蒙版其实很简单

本节介绍蒙版和通道。很多同学纠结蒙版是什么，怎么用，通道的原理是什么，搞不明白它们的概念和用法。本节就通过一些范例来介绍蒙版通道。其实在上节学图层的过程中大家已经见过蒙版了，比如我们新建一个调整图层，调整图层右侧的白色方块就是图层蒙版的缩览图，单击一下缩览图就选中了图层蒙版，这说明图层蒙版和调整图层是紧密相关的，也说明了它的重要性。我们先来讲蒙版，了解蒙版之后通道就很容易理解了。

了解蒙版

首先打开素材文件，来看这个范例。这张照片在前面讲解选择工具的时候已教过大家调整的方法，人物因为戴着帽子，面部显得有点暗，所以用套索工具将人物的面部全选，然后进行色阶调整。后来观看一些同学交的作业发现，有些照片调整后，调整部位不是边缘的轮廓太明显就是调过了，并且因为是在背景图层上做的调整也不好恢复。所以本节我们还用这张照片为例，教大家如何用图层蒙版来调整，如图2-2-1所示。

图2-2-1　原始素材照片

先选择套索工具，选项栏羽化值设置为2就可以。因为我们现在要在图层蒙版上调整图层，不用担心破坏背景图层，可以尽可能大胆地去圈选，不是很规范也无所谓，如图2-2-2所示。

然后增加一个色阶调整图层，把人物面部稍微提亮一点点，现在看一下效果，如图2-2-3所示。

图2-2-2　用套索工具圈选面部

图2-2-3　用色阶调整图层提亮脸部

　　提亮之后边缘线有点明显，我们可以通过单击右侧的蒙版缩览图选择蒙版，在属性对话框里对羽化值进行调整，羽化值越大边缘越柔和，就不会出现截然分割的边缘，如图2-2-4所示。

图2-2-4　选择蒙版

　　这里可以看到刚开始并没有羽化的效果，因为刚开始圈选的时候，只是大概做了一个圈选，把羽化值设置为2。这个羽化值还是有点小。你不知道应设置多大的话也没关系，或者不设置也无所谓。因为在蒙版属性里面也可以设置羽化值，这里是只针对图层蒙版的调整。这时将羽化值适当设置得大一点，就没有黑线了，如图2-2-5所示。

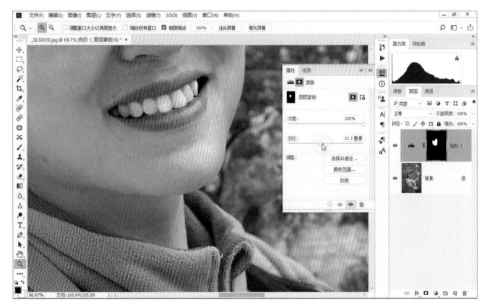

图2-2-5　加大羽化值

回去看一下原始图，然后我们再做这个调整。一定要给大家反复交代一下，这是针对调整图层里边的蒙版做的调整。可以看到，这样边缘很柔和，不是很生硬的边缘处理，如图2-2-6所示。

图2-2-6 对比不同羽化值的效果

人物胳膊肤色的处理，也可以借用这个蒙版，具体操作如下：将前景色设为白色，选择画笔工具，设置适当大小的笔刷，硬度设为零，也就是设置为一个很柔和的笔刷。然后在胳膊上暗肤色处进行涂抹。这时会看到被涂抹的地方变亮了，如前页图2-2-7所示。观察图层蒙版，显示为白色，这说明什么呢？

图2-2-7 用画笔涂抹胳膊部分

大家先记下来这句话：白色是要的，黑色是不要的！总结就是"白要黑不要"。为什么这样说呢？这是因为我们所做的色阶调整，是仅针对这个白色区域的，黑色区域根本没动，比如衣服背景就没有任何变化。

让肤色变得粉嫩

接下来想对肤色再做一些处理，使其再粉嫩一点。这时可以在色彩平衡调整图层做调整，加一点点洋红就可以了，如图2-2-8所示。但是调整后会发现整个照片都有一点偏洋红了，所以就需要把其他不需要变色的区域去掉。

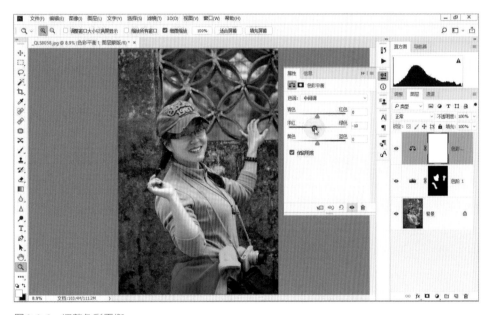

图2-2-8　调整色彩平衡

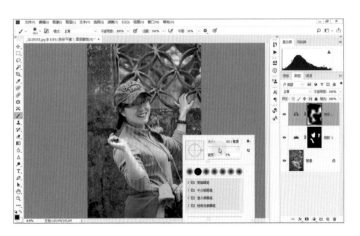

现在把不要的部分用黑色画笔擦除掉，只保留肤色，其他地方恢复原始的样子即可，如图2-2-9所示。这种方法对于局部的修饰还是非常有用的。

图2-2-9　在蒙版上用黑色画笔擦除不要的部分

通过上述调整，相信大家已经对蒙版有所理解。再重复一下，在图层蒙版里"白要黑不要"。学会使用蒙版，对于照片的局部修饰还是非常方便的。因为蒙版调整既不会破坏到下面的图层文件，又可以随时进行调整。最后效果如图2-2-10所示。

图2-2-10 完成效果

利用蒙版快速调整大光比照片

首先打开素材文件，这张照片是在多云天气下手持拍摄的。为了让云层遮盖下的水面有丰富的层次，拍摄时稍微增加了一点曝光补偿，但导致背景的雪山就显得稍微有点亮。这时可以通过图层蒙版进行局部压暗来调整，如图2-2-11所示。

图2-2-11 大光比原始照片

先创建一个色阶调整图层。在调整色阶的过程中完全不用考虑下面暗的区域，只看雪山的曝光程度就可以，如图2-2-12所示。

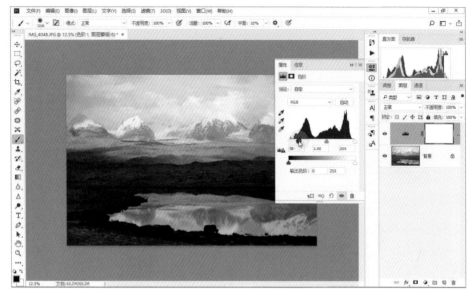

图2-2-12　增加色阶调整图层并调整色阶

感觉调整得差不多了，回到色阶调整图层面板，单击蒙版。根据蒙版原理，设置前景色为黑色，选择画笔工具，调整至合适的笔刷大小，画笔硬度为零（柔和画笔），然后在照片比较暗的部分进行涂抹，把暗部恢复成原来的样子即可，如图2-2-13所示。利用图层蒙版进行局部调整很方便。

图2-2-13　用黑色画笔在蒙版上涂抹暗处部分

利用通道抠图

首先打开素材文件，如图2-2-14所示。打开通道面板可以发现这里有红、绿、蓝三个通道。如果想把这个猫咪的背景去掉，换一个绿色的自然风光的背景，应该怎么做呢？

图2-2-14　猫咪的原始素材照片

前面我们学过选择工具，大家第一个想到的是不是魔棒工具或者快速选择工具？我们先用快速选择工具做一个大概选择，猫咪的胡须和毛都能被选择上，但这样抠出来的猫咪的边缘是很生硬的，如图2-2-15和图2-2-16所示。

图2-2-15　选择快速选择工具

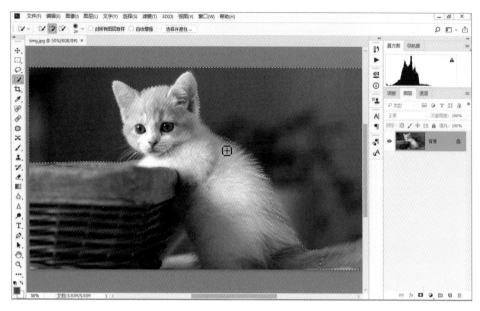

图2-2-16　用快速选择工具选择后

　　下面试一下魔棒工具。选择后有些很细的胡须、毛发等没有被选择上，效果也不是很理想，如图2-2-17所示。另外，这种情况下利用多边形选择工具或磁性套索工具进行选择难度极大，在此就不做考虑了。因此，针对这张照片，如果想换背景就要用到通道。

图2-2-17　用魔棒工具选择后

在蒙版里，灰色表示透明，而对于通道来说，原理和蒙版是一样的。我们可以用鼠标分别点击红、绿、蓝三个通道，并对其进行比较。观察哪个通道的猫咪边缘轮廓和背景反差比较大，通过比较，我们发现红通道中猫咪边缘轮廓和背景反差较大。

那么现在根据通道原理，只需要把猫咪变成白色，把背景处理成黑色即可。先来复制一个红通道，为了得到一个选区，如图2-2-18所示。

图2-2-18　复制红通道

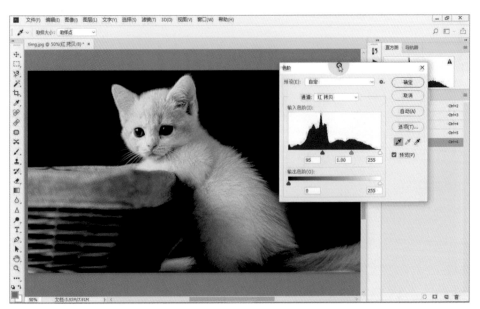

图2-2-19　在红通道副本执行色阶调整命令

之后按下键盘上的Ctrl+L组合键（执行"图像"—"调整"—"色阶"命令），弹出色阶对话框。用吸管工具在背景灰色处单击，把背景变成纯黑色，把猫咪变成白色，先不管篮子，如图2-2-19和图2-2-20所示。

图2-2-20　在红通道副本把猫咪变成白色

然后选择一个较硬的画笔进行涂抹，把猫咪和篮子完完全全地涂成白色，背景涂成黑色，如图2-2-21所示。

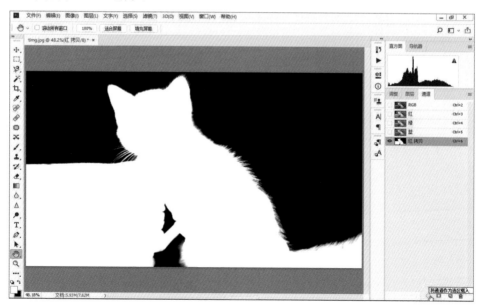

图2-2-21　在红通道副本把猫咪和篮子都涂成白色

然后在通道面板下面单击"将通道作为选区载入"图标，回到图层面板，选中猫咪图层，再单击图层面板下方的"添加图层蒙版"图标，猫咪的背景就被去除了，如图2-2-22所示。

图2-2-22　抠出猫咪后的效果

　　可以放大观察一下，猫咪的胡须抠得特别好，毛发边缘更自然。最后我们可以发现通道的原理和蒙版是一模一样的，不管在里边做什么样的调整，最终就是为了得到一个选区。

　　这个范例相对来说简单一点，常用的情况包括例如影楼用这个方法抠出半透明的婚纱。在蒙版中处理一些比较复杂的背景时，比如，单纯使用魔棒工具或快速选择工具是不可能把半透明的婚纱抠出来的，这个时候使用通道就方便多了。

　　蒙版和通道其实很简单，再强调下：一定要记住"白要黑不要"！

2-3 滤镜与照片存储

本节介绍滤镜的用法，首先我们先来看第一个范例。打开素材文件，这张照片拍的是赛里木湖的早晨，如图2-3-1所示。可以拍摄赛里木湖日出的时间很短，而且天气变化大，一阵大风过来就开始飘雪花。为了捕捉黎明的短暂微光没有顾上使用滤镜，匆匆拍了几张，回来后感觉水平面波纹有些杂乱，经过考虑就想到用后期处理来模拟长时间曝光。

图2-3-1　赛里木湖日出原片

在学习滤镜的使用之前，大家先来了解一下滤镜。最常用的滤镜就是Camera Raw滤镜，如图2-3-2所示，在第3章我们会重点讲这个滤镜。另外常用的就是液化滤镜了，在人像修饰方面很有用，第4章的人像后期处理中我们会重点讲液化瘦身。

图2-3-2　在菜单中找到Camera Raw滤镜

102

除了这两个重要滤镜，还有很多其他滤镜。老版本Photoshop中的很多滤镜，比如风格化滤镜、模糊滤镜等，现在都被整合在一个滤镜库里了，不再像早期的版本那样是单独呈现了。这样就像一个盒子一样，所有的滤镜效果都放到一块，形成一个滤镜库，使用起来非常方便，如图2-3-3所示。

图2-3-3　滤镜库命令

在制作某些效果拿不准应使用哪个滤镜的时候，你可以多尝试不同的滤镜。滤镜套用起来非常方便，只需要单击滤镜库中的缩览图就可以为照片施加这个滤镜，简单的特效可以一键搞定，复杂的特效也只需要调整一些参数就唾手可得，如图2-3-4所示。滤镜库就像一个抽屉框，需要哪个你就抽开哪个。

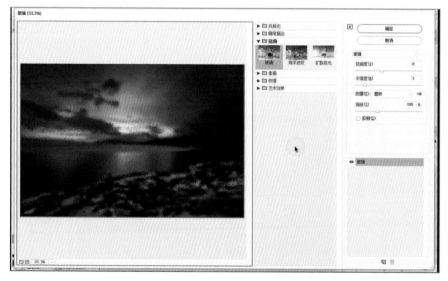

图2-3-4　使用方便的滤镜库

在滤镜下面还有一个3D滤镜，这是供有3D设计需要的用户来制作贴图用的。懂一点3D的读者可以用它配合照片来再造一个星球，很有趣，不过一般摄影师用得不多。

再来看滤镜菜单下的模糊和模糊画廊滤镜，对摄影师来说，平时最常用到的就是模拟镜头的浅景深效果了。浅景深效果能起到突出画面主体的作用，让画面变得简洁，有艺术感。在Photoshop老版本里面，只有高斯模糊、径向模糊等少数选项，在新的版本中则增加了很多镜头模糊特效，例如光圈模糊、移轴模糊等，确实是摄影师的福音，如图2-3-5所示。

图2-3-5 模糊滤镜命令

滤镜菜单下还有扭曲和锐化滤镜，扭曲效果在摄影作品后期时用得不多，但是设计人员还是比较常用。锐化滤镜对于输出展示非常有用，使用得当能有提高照片品质的奇效。如图2-3-6所示。

图2-3-6 扭曲和锐化滤镜命令

滤镜菜单下还有视频、像素化等一些其他滤镜，都是针对特殊领域的，比如视频处理、广告设计等，照片后期处理时一般用得不多。渲染则是一个非常有意思的滤镜，创造性地使用它，可以"再造世界"，比如造火焰、造云、造树、模拟光照，还可以制作花样边框，如图2-3-7所示。

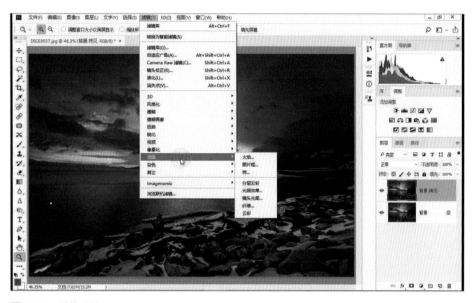

图2-3-7　渲染滤镜

　　滤镜菜单下面的杂色和其他滤镜，可用来修复老照片或是创意性地应用，平时用得不多，如图2-3-8所示。

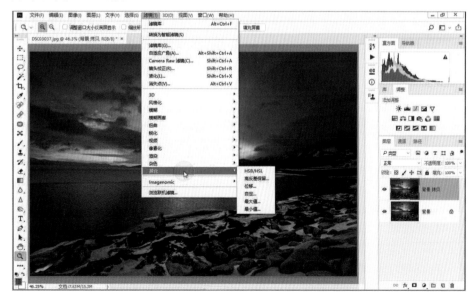

图2-3-8　杂色和其他滤镜

滤镜菜单最下面就是外挂滤镜了，这个需要另外安装。可以安装多个扩展插件，有收费的，也有免费的，但以收费的居多，使用起来很专业，效果通常也很好。笔者外挂用得比较多的包括磨皮插件，后面讲人像修饰的时候还会讲到。

制作长时间曝光效果

书归正传，我们还是回到这张照片的处理，即，模拟慢门效果。先复制背景图层，然后为复制图层制作一个动态模糊效果。执行"滤镜"—"模糊"—"动感模糊"命令，进入模糊对话框。在对话框中，动感模糊"距离"是模糊的程度，随着调整距离参数，水波纹就会变得像水平线，这跟在相机上加了中灰镜然后延长曝光时间很相似，会形成一个动感模糊的轨迹，如图2-3-9所示，如果感觉数值大了可以再调小一点点。

图2-3-9　执行动感模糊命令

在调整的过程中有些读者会问，我调整了半天，距离参数设置得也很大，为什么还是看不到效果呢？这是因为没有勾选"预览"，一定要把"预览"给勾选上，才能边调整边观看效果。效果调整完之后单击"确定"。

确定完之后这步很重要，因为将牵涉到图层蒙版。做之前我们先分析一下，我们在做模糊处理时，不能把石头、人物、远山等静止不动的部分全部模糊了对不对？我们要模拟的是动态的流水，是希望有细小杂波的水面变成长时间曝光之后如丝如雾般的水平面；是模拟记录下流云倏忽的动态轨迹，展示云蒸霞蔚的千姿百态，所以将这些动态的变化展示出来是符合常理的。但如果把石头也动态模糊了，把静止不动的人物也给抹掉了，这就不符合常理了。所以还需要把静止的物体呈现出来。

分析完照片，选择复制图层，然后单击图层下面的"添加图层蒙版"图标，为图层增加图层蒙版，这一步很重要，如图2-3-10所示。

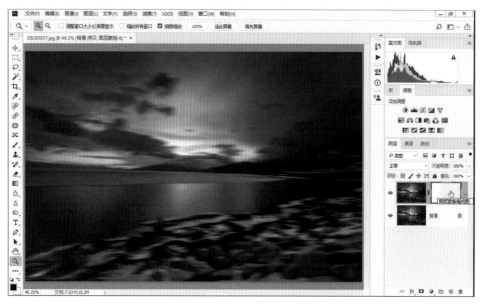

图2-3-10　增加图层蒙版

前面我们介绍蒙版时，口诀是"白要黑不要"，意思是白色是要保留的，黑色是不要保留的。那么我们现在就在蒙版上进行操作，要保留的涂白，要舍弃的涂黑。设置前景色为黑色，使用画笔工具，调整一下画笔的大小，硬度适当小一点（硬度数值越小越柔和，数值越大则偏于生硬），如图2-3-11所示。

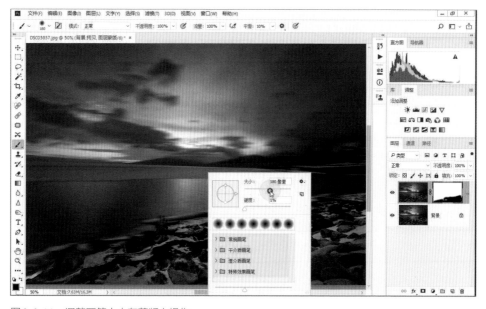

图2-3-11　调整画笔大小在蒙版上操作

可以把不透明度设置为100%，在蒙版上涂抹，"白要黑不要"，涂错了可以换颜色再涂抹回来。这样静止不动的石头、雪地和人物等前景就恢复了原始状态，如图2-3-12所示。

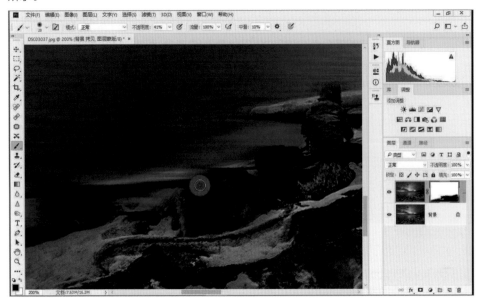

图2-3-12　将前景恢复为原始状态

涂抹边缘部分的时候一定要细心一点，可以随时单击鼠标右键调整画笔的大小，细节的地方可以放大后再涂抹。边缘部分的处理很重要，要非常细心，还要注意石头的边缘。除了边缘，其他的部分就可以大胆涂抹了，如图2-3-13所示。

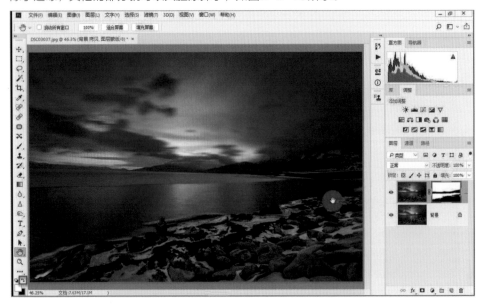

图2-3-13　注意边缘细节

在处理过程中，可以随时单击图层左侧的眼睛图标关闭图层显示，然后通过对比原来的照片，来确定涂抹的位置。尽量精细涂抹，以免露出破绽。注意，远处的山峰是不会动的，还有结冰的冰面也要保持静止不动。因此有云、雾、或水波的地方让它动态模糊，其他地方则保持静止。有的读者不知道怎样切换前景色和背景色，工具栏下方有个黑白方块图标，单击很小的双箭头就可以来回切换前景色和背景色。

来看一下效果，水平面产生了动态的效果，形成了流动的轨迹，模拟出了长时间曝光的效果。有些朋友会说，云的走向不合常理，比如它可能是由远及近，或者由左及右。这个可以自由支配，换用其他的模糊方式再来调整。可以再复制一个图层，试试其他的滤镜，比如说模糊滤镜里的径向模糊，利用径向模糊对话框里的缩放选项，来获得不同的效果，如图2-3-14和图2-3-15所示。

图2-3-14　径向模糊效果

图2-3-15　利用径向模糊完成的拥有不同动态轨迹的照片

舞蹈动作、武打动作或者是其他动态的照片，都可以利用这种后期处理方法来做特效。

这里演示的是滤镜效果的应用，在实际操作的时候要确保效果是自然的，不要过于夸张而失去了真实感。

调整完滤镜蒙版后可以把它删除。删除时你会看到一个提示，提示你直接删除还是应用蒙版。直接删除就是蒙版不再起作用，而应用蒙版就是将蒙版效果和背景层效果合并，如图2-3-16所示。

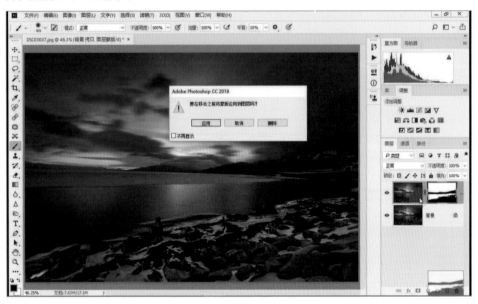

图2-3-16　删除蒙版时的提示

我们平时一般都保留蒙版，并把文件存储为PSD格式文件，便于以后调整。如果将蒙版效果与背景效果合并，以后再想调整的话就很麻烦。现在这张照片我们想要的大概效果做成了，可以将其存储为PSD格式的图层文件，方便随时修改。

制作背景旋转模糊效果

下面再来结合蒙版制作一个背景旋转模糊的效果。和上个范例类似，打开素材文件，复制背景图层，如图2-3-17所示。

图2-3-17　复制背景图层

110

执行"滤镜"—"模糊"—"旋转模糊"命令，调整参数，做成椭圆的模糊，然后按键盘上的回车键。

如果文件大的话计算模糊的过程可能会有些慢，请稍加等待，如图2-3-18所示。

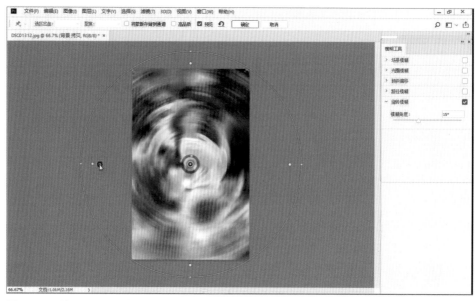

图2-3-18　执行旋转模糊命令

旋转模糊效果增加后，为最上面的图层增加图层蒙版，设置前景为黑色，用画笔工具涂抹主体人物部分，很快背景旋转虚化的效果就显现出来了，如图2-3-19所示。

这个背景旋转模糊的范例，由于边缘不需要精细的调整，处理起来还是非常快捷的。

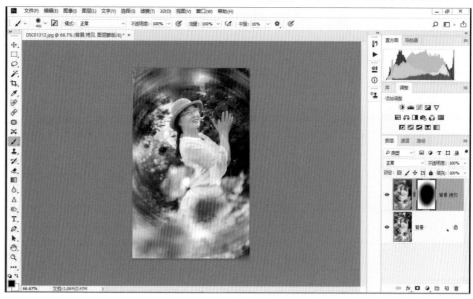

图2-3-19　增加椭圆蒙版效果

制作背景模糊效果

　　打开素材文件，这张照片是在河渠边拍的。当时为了拍全身效果，用了16-35mm广角镜头的超广角镜头，由于镜头虚化能力有限，背景显得相当杂乱，如图2-3-20所示。所幸还有后期手段，现在来做个模拟大光圈，通过模糊背景来达到浅景深突出主体的目的。

图2-3-20　原始素材照片

　　还是要复制背景图层，以防止破坏下面的背景图层，如图2-3-21所示。

图2-3-21　复制背景图层

先思考一下怎么做。可以用镜头模糊命令来模拟，对背景画面进行模糊处理，相比高斯模糊来说这样的效果会更加真实，如图2-3-22和图2-3-23所示。但是如果原始照片尺寸较大，执行起来速度会慢一些，这个和计算机配置也有关系。

图2-3-22　镜头模糊对话框

图2-3-23　调整光圈和模糊程度

镜头模糊对话框中有一个光圈选项,形状有三角形、方形、五边形、六边形、八边形等,这张照片处理可以使用默认的三角形。然后设置模糊的程度,模糊程度不用过大,以能适当看清后边的景物比如树、河流、草等为佳,一般不用把它们模糊成一团没有辨识度的光影。调整完单击"确定"按钮。

下面就想办法让背景模糊而人物清晰。而且现在还存在一个问题——焦平面问题,就是远处的景物离我们的距离是不一样的,虚化程度也不一样,如果把它们弄得一样看起来就很假。我们需要想出一个办法,模拟由近及远的背景模糊效果。

要做到这一点还是要增加图层蒙版,设置前景色为黑色,背景色为白色。选择渐变填充工具,在上面的选项中选择第一项黑白渐变填充,在蒙版上由近及远拉一个渐变色,如图2-3-24所示。蒙版中的色彩是以黑白模式来体现的,一切渐变色施加在蒙版上只能以黑白形式显示。

图2-3-24　在蒙版上拉黑白渐变

现在由近及远的模糊效果出来了,但人物还不清晰,下面的环节就是把人物显示出来。这一步看似简单,也有技巧,如果是单纯把模糊图层的人物部分擦掉,使背景上的原始人物透出来,人物的边缘会显得很不自然,这是因为模糊的图层上保留了人物的残影。因此必须让背景上的人物残影完全消失,人物边缘才能显得清晰,和背景分离开。

说起来有些复杂其实做起来还是蛮简单的。先把图层蒙版删掉,可以看到人物与背景一块模糊了,这时如果只把人物透出来,人物的边沿会有残影,显得很不自然,如前页图2-3-25所示。这时就需要把背景的残影处理掉,再把人物抠出来就自然了。怎么把它处理干净?我们先结合前边介绍的修补工具,让背景拷贝图层中的人完全消失掉。

利用前面介绍过的污点修复工具,做一个大概的修复,胆子大一点去修饰涂抹,将人物的影像从上面的图层除掉,最后的效果如图2-3-26和图2-3-27所示。

114

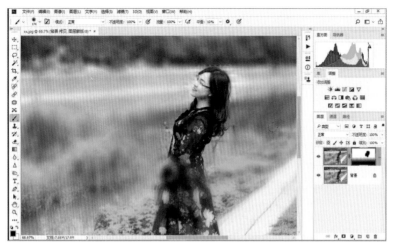

图2-3-25 在蒙版上用黑色画笔刷出人物主体部分，发现人物周围有残影

图2-3-26 将模糊图层上的人物残影抹除

图2-3-27 抹除人物后效果

　　现在我们得到了一个较为干净的图层，下面的任务就是把下方图层中的人物给抠出来，用什么抠呢？依然是蒙版。

刚才为了演示把蒙版给删除了，现在还需要把它加回来，增加图层蒙版拉黑白渐变，让背景从清晰到模糊慢慢过渡。然后再用黑色画笔把人物一点一点涂出来。最终人物被抠出来了，背景的残影问题也得到了解决，如图2-3-28和图2-3-29所示。

图2-3-28　在蒙版上涂抹人物主体露出原始影像

图2-3-29　露出原始人物后的画面效果

注意边缘细节，用画笔精细地涂抹，做出来的效果才真实可信。蒙版的好处就是随时随地可以修改，而图层本身还是完好无损的，即使做错了改回来也很轻松，最后的效果如图2-3-30所示。

图2-3-30　最后的效果

　　现在总结一下这三个范例，操作方法都是一样的，第一个用了动感模糊，第二个用了旋转模糊，第三个用了镜头模糊。虽然都是模糊滤镜，但运用得当，可以营造出丰富的浅景深效果，提高了照片的艺术性。

其他滤镜

　　任意打开一张照片，看一下滤镜中的渲染菜单，如图2-3-31所示，利用该菜单中的命令可以制作一些特效。

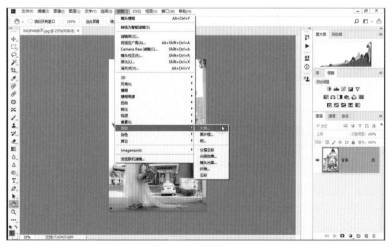

图2-3-31　渲染菜单命令

镜头光晕可以制造不同焦距下的光斑，比如太阳光斑，如图2-3-32所示。

图2-3-32　镜头光晕效果

图片框可以做花边框，其对话框中有丰富的选项，比如小树丛边框、雪花边框等，如图2-3-33所示。

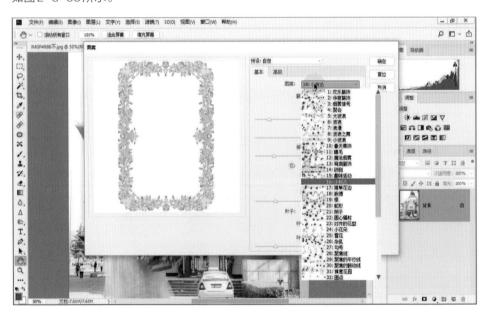

图2-3-33　花边边框效果

其他的还有火焰滤镜、树滤镜等，摄影师一般不怎么用得上，倒是设计师用得比较多。

再谈一下锐化滤镜。有些照片需要做一些锐化处理，一方面是让主体突出，使画面通透；另一方面，如果有印刷需要的话也需要适当锐化来增强输出效果。锐化的使用要根据需要把握好一个度，另外锐化往往要和去除杂色同时使用，才能达到最佳效果，如图2-3-34所示。

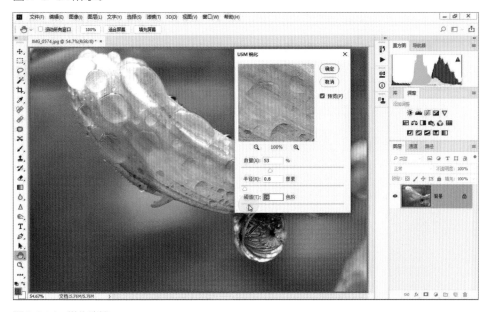

图2-3-34　锐化滤镜

文件存储

照片处理到一定阶段一定要及时存储，以免软件出错，前功尽弃。通常可以存储为PSD文件，它含有包含图层在内的所有信息，使用起来非常方便，如图2-3-35所示。

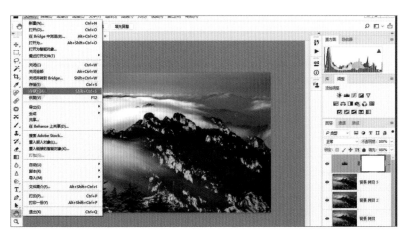

图2-3-35　存储为PSD文件

文件格式

谈到PSD文件，有必要简单介绍一下常用的文件格式。

第一个是PSD格式，它是图层文件格式，包含信息很全，可以作为母本来看待，前面已介绍过。

第二个是JPG压缩文件格式，因为体积小，方便网上传播而被广泛使用。一般出画册或参赛可以保留一个原始尺寸的照片，微信交流或网上论坛发布则可以另存储一个较小尺寸的JPG文件。注意锁定照片长宽比，不要让它变形，如图2-3-36所示。

图2-3-36　改变图像大小

第三个是TIF文件格式，制作高精度的印刷品可以使用这种格式，它是一种无损压缩格式，要求不那么高就用JPG文件就可以了。"品质"设置时，用于印刷可以用最佳品质，用于网上交流可以将"品质"设置为8或10，如图2-3-37所示。

图2-3-37　选择图像品质

2-4　了解色阶和曲线

本节简单介绍一下如何用色阶和曲线调整照片。每张照片打开之后都有对应的直方图，在讲色阶之前首先来了解一下直方图。相信经常使用数码相机的读者对直方图并不陌生，每一张照片拍完之后相应的直方图信息都会出现在相机屏幕上。具体直方图表示什么，怎么判断一张照片是曝光过度还是曝光不足，现在来为大家介绍一下。

打开素材照片，如图2-4-1所示。

图2-4-1　打开素材照片

直方图的横轴（0～255）表示照片的明暗关系，纵轴表示数量关系，这个"山峰"越高说明它中间的信息量越多。现在看这张直方图，如图2-4-2所示，左侧0～72基本上是"平地"，没有任何"山峰"显示。这就说明，左侧表示画面最暗的部分是缺失的，画面中没有最暗的部分。

图2-4-2　直方图的含义

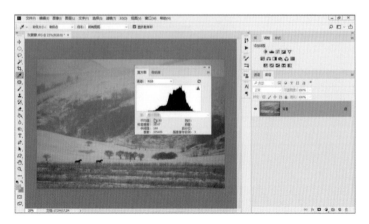

中间67～221这个部分信息量很多，"山峰"比较高，说明这张照片整体来说信息量集中在中间灰部的层次，如图2-4-3所示。

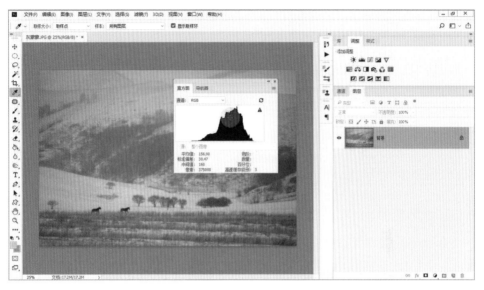

图2-4-3　直方图信息显示

右侧也是"平地"，说明什么呢？说明226～255是没有任何信息的，说明画面缺乏最亮的部分。对这个直方图分析后我们就能得出这张照片有些灰蒙蒙的原因，如图2-4-4所示。

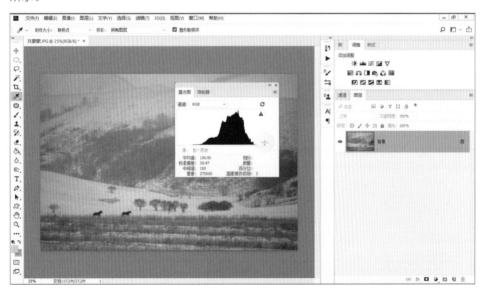

图2-4-4　直方图揭示照片发灰原因

了解直方图后我们可以在调整面板里边打开色阶对话框，可以看到和直方图对应的

"山峰"是一模一样的。可以通过滑动左侧的黑色滑块来调整画面最暗部分，滑动中间的灰色滑块可以调整中间灰色调部分，滑动右侧白色滑块可以调整画面最亮的部分，如图2-4-5所示。

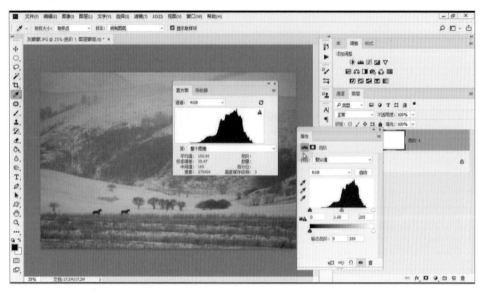

图2-4-5　直方图对应的色阶对话框

　　刚才已解释完直方图的信息，现在将直方图关闭。我们开始通过色阶来微调这张灰蒙蒙的照片，也就是补缺失。将最左侧的黑色滑块向右移到"山脚"下补黑色的缺失，将右侧的白色滑块往左移到"山脚"下补最亮部分的缺失。这张照片看起来就不再灰蒙蒙了，如图2-4-6所示。

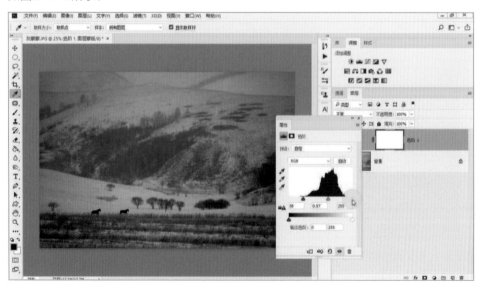

图2-4-6　移动滑块补缺失

在图层面板左侧单击眼睛图标隐藏色阶调整图层，与原图对比下效果，如图2-4-7所示。

图2-4-7　与原图对比效果

现在打开另一素材文件，用同样的方法去校正这张曝光不足的照片。这张照片是在逆光下拍摄的，没有用任何的补光措施，有些曝光不足，了解了直方图的原理就可以用色阶来简单调整。同样在调整面板，单击鼠标左键创建新的色阶调整图层，该图层创建之后是覆盖在背景图层上的，不会破坏下面的原始照片，如图2-4-8所示。

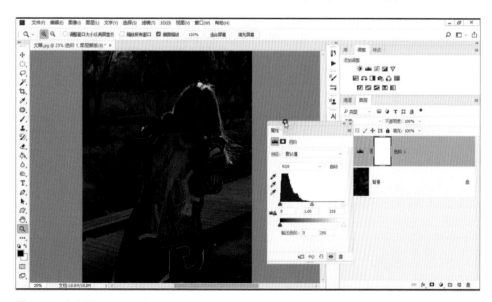

图2-4-8　为素材照片增加色阶调整图层

先来分析一下这张照片的直方图。最左侧是照片的暗部信息，纵轴表示的是数量关系，暗部信息占有的数量到顶峰了，说明整个画面偏暗。中间基本上是一条平线，右侧完全是空白的。通过直方图分析，可以看出，整个画面的暗部信息较多，中间和最亮部分是缺失的。现在我们怎么去补缺失呢？首先将灰色滑块往左边移，中间灰色部分就显出来了。再将最右侧的白色滑块移过来补缺失。现在可以适当调整一下中间调，调整完之后对比一下效果，这个曝光不足的照片就调整完成了，如图2-4-9所示。通过直方图可以很快速地校正这张曝光不足的照片。

图2-4-9　校正曝光不足

再看一个范例。打开素材文件，这张人像照片中衣服部分曝光过度了，使得人物面部以及衣服最亮的部分缺乏一些层次。曝光过度的照片也可以通过直方图去做一些调整。首先增加一个色阶调整图层，可以看到直方图最右侧是亮部的信息，中间灰色滑块指的这个范围是画面中灰色部分的信息，最左侧黑色滑块对应的区域是画面最暗部的信息，如图2-4-10所示。

图2-4-10　曝光过度的
原始素材照片

前面说过，黑色就表示画面中最暗部分的区域，而灰色控制的是画面的中间层次，白色是画面中最亮的部分，可以通过这三个滑块来理解直方图。纵轴表示的是数量关系，曝光过度的照片右侧的数量已经顶到头了，说明最亮部分的信息占得太多了，中间部分的灰色层次有一点点，暗部完全没有信息，呈现空缺状态。怎么办呢？现在就是补缺失。可以拖动黑色滑块向右移到"山脚"下，灰色部分滑块也可以调整一点点，但是现在看到的画面无论怎么去调整曝光过度的衣服，最亮部分的层次是很难回来的，如图2-4-11所示。

图2-4-11　曝光过度照片的最亮层次不易调整回来

所以我们平时拍照的时候"宁欠勿曝"，说的就是这个原理。就是如果画面稍微曝光不足一点点你可以补回来，但是完全曝光过度的照片即便通过色阶或者曲线也很难挽回，大家在拍摄的时候一定要注意这个问题。前面通过简单的调整做了三个范例，一个是灰蒙蒙的照片，一个是曝光不足的照片，另一个是曝光过度的照片。直方图的操作就是哪里没有就补哪里，哪里没有信息补哪里，操作起来还是很方便的。

关闭这张照片，再回去看前面第一张灰蒙蒙的照片，很多读者在调整的过程中容易依赖自动调整。自动调整虽然方便，但调整出来的往往不是你想要的效果，还是需要通过手动调整才能达到自己想要的效果，如图2-4-12所示。

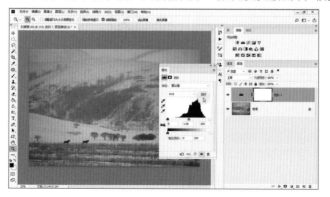

图2-4-12　自动调整不易控制

另外，图2-4-13中这三个吸管图标分别表示什么呢？第一个是在图像中取样设置黑场，就是可以取样设置最暗部分，在画面中你认为是最暗的部分单击一下。

图2-4-13　设置黑场

第三个吸管图标可以设置白场，也就是画面中最亮的部分，比如说你想让画面中某个部分最亮就可以单击这个部分。但是因为它精确到一个小点，所以平时操作的时候并不容易把握。如图2-4-14所示。

图2-4-14　设置白场

中间这个吸管图标可以设置灰场校正偏色，单击灰点进行校正偏色，这个点的位置一般是18%中性灰的位置。在拍摄时能配置一个18%中性灰的色卡，校正起来会比较容易；如果没有色卡辅助，校正起来就会比较麻烦且不精确，因为校正需要在画面中找到最接近18%中性灰的点，但场景中不一定能找到这样的点，如图2-4-15和图2-4-16所示。

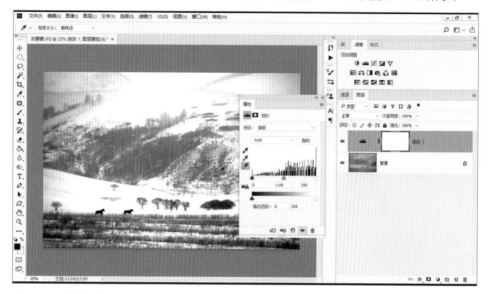

图2-4-15　设置灰场

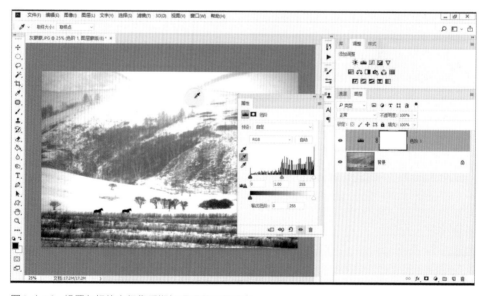

图2-4-16　设置灰场的点仅靠后期处理手段不易设定

总结一下，每张照片都对应有直方图，通过直方图可以补缺失。灰蒙蒙的照片、曝光不足的照片、或是曝光过度的照片，根据直方图来调整相对来说比较容易。一些特殊的照片，比如说暗调人像，它显示的直方图又是另外一个模样，这种照片就不可能完全通过直方图来判断是曝光不足还是曝光过度。有些读者特别依赖直方图，每拍一张照片都要打开相机去看一下它对应的直方图是否正确，但直方图真的只是参考，不一定适用于所有照片。

　　打开素材文件，这张照片是一个暗调人像，整个照片以暗调为主，接近全黑的背景下，老人穿着黑色的衣服，是在侧光下拍摄的暗调照片。当打开对应的直方图之后，你会发现整体信息很少，且信息都集中在左侧黑色滑块的位置；照片的亮部和中间部分基本上趋于一条直线，没有特别多的信息量，如图2-4-17所示。所以不能通过直方图判断这张照片是曝光不足还是曝光过度。直方图只是一个参考，关键是看我们需要拍摄什么样题材的照片。

图2-4-17　暗调人像的直方图分析

　　打开另一素材文件，这是一张雪地白马的照片，如图2-4-18所示。先不打开直方图，我们来猜想一下这个直方图会是什么样的。大家可以分析一下，照片的中间部分和最亮部分基本上就是白雪，信息集中在中间和最亮部分，暗部信息很少量或者没有。

图2-4-18　雪地白马照片

然后打开直方图，看一下是不是像分析的那样。虽然，最亮的部分信息量是最多的，也就是大面积的白雪，中间部分是有一点点信息但是也很少，左侧最暗的部分完全没有信息，如图2-4-19所示。通过直方图我们看不出这个照片是否曝光不足，所以说直方图只能是一个参考。

图2-4-19　有些照片不易用直方图判断是否曝光不足

我们再次打开素材，看下面的这张照片，这是在雨天拍摄的照片，没有光影，色彩平淡。拍摄的时候考虑后期可以处理成水墨画效果，所以提高了2挡曝光补偿。观察这张照片的直方图显示（如图2-4-20所示），照片信息主要集中在右侧，中间有一点信息，左侧基本没有信息。所以直方图只是参考。

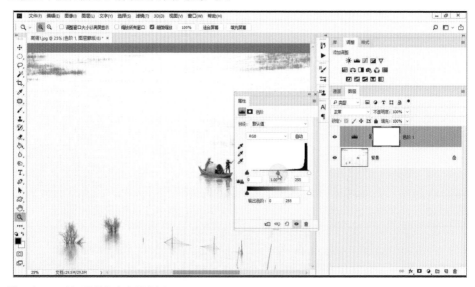

图2-4-20　高调照片的直方图分析

再来看一张暗调照片，但是窗户和织布机比较亮。照片中有大面积的暗部，所以直方图中暗部信息量大，画面中间灰部的层次非常少，最右侧白色滑块处对应的是画面最亮部分，这个部分也有信息，也就是说明暗对比比较强烈，这是一张强对比的照片。有些时候就是需要拍这种强对比的暗调照片，所以说直方图只是一个参考，不能因为这张照片这样的直方图就说这张照片不对，曝光不正确，然后调出来不是你想要的效果。但我们可以参考直方图，用色阶做一些调整，如图2-4-21所示。

图2-4-21　暗调照片的直方图分析

介绍完色阶，接下来再给大家介绍曲线。再次打开前面灰蒙蒙的照片，增加一个曲线调整图层，分析一下曲线。有些读者对曲线很头晕，不知道怎么控制，这么多的格格、节点等很麻烦，不像色阶那么简单，左右中调一下就可以了。其实曲线也没有想象的那么复杂，撇开斜线看一下横轴和纵轴，就相当于是色阶。横轴表示的是明暗度的关系，纵轴表示的是信息的数量关系，"山峰"越高信息量越多，如图2-4-22所示。

图2-4-22　为照片
增加曲线调整图层

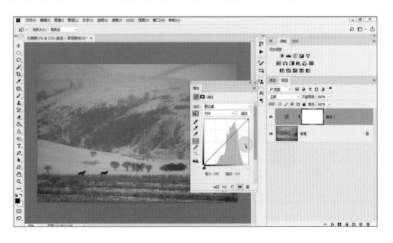

134

刚才通过色阶调整的讲解，我们已经明白了其相关原理，现在学起曲线来就容易多了。把直方图打开我们会发现其和曲线显示一样，左边最暗部分没有信息量，右侧也没有，如图2-4-23所示。它们显示的是一样的原理，所以调整的时候也可以通过补缺失来调整这张灰蒙蒙的照片。

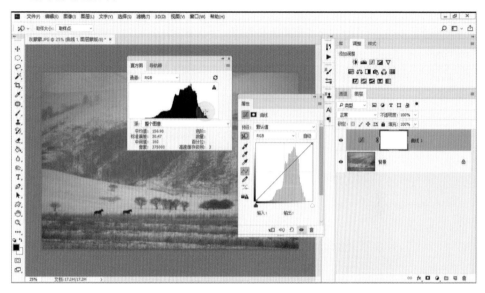

图2-4-23　色阶和曲线的对照

怎么补缺失呢？可以通过将左侧的黑色滑块，拉到"山峰"的"山脚"下位置，将右侧的白色滑块，向左移到"山脚"下。简单操作之后就校正了这张灰蒙蒙的照片，如图2-4-24所示。

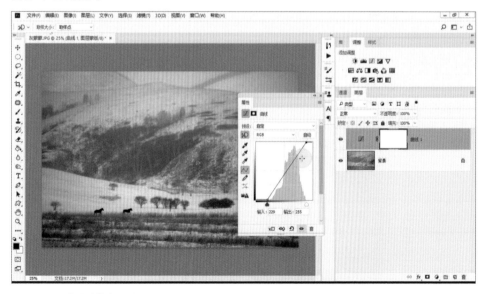

图2-4-24　曲线的基本调整

如果把它当成色阶来调整真的很简单。这三个吸管的功能和色阶中也是一模一样的，选择吸管后，再在画面中最暗部分单击一下让它最暗，最亮部分变得最亮。但是这个操作真的不好把控。比如说在特别有把握的情况下可以单击一下头发使其变得最黑，然后眼白变得最白，但是每一张照片情况都不一样，在不同的环境下，即便是纯黑的头发在不同光影下呈现出来也不是绝对的黑，眼珠的眼白也不是绝对的白，所以说这是不太好容易把握的，平时用得也不多。中间这个吸管呢？依然是用来校正偏色的，就像色阶对话框中那个吸管一样。具体如图2-4-25所示。

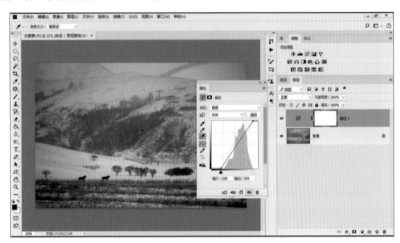

图2-4-25 三
个吸管的说明

曲线对话框与色阶不同的地方是，它可以通过节点来控制调整画面。还以这个素材文件为例，刚才这个范例我们已经用色阶调整过了，接下来将通过曲线来调整它。补缺失，补到哪儿呢？补到"山脚"下这个位置，"山脚"下位置和色阶的显示不太一样，色阶中间有一个灰色滑块，可以通过灰色滑块来调整中间层次，现在这里没有灰色滑块，怎么办呢？曲线可以通过增加节点来调节。在中间的斜线上增加节点，单击一下增加一个节点，然后再拖动节点往上提，这一部分就变亮了，很方便也很精确，如图2-4-26所示。

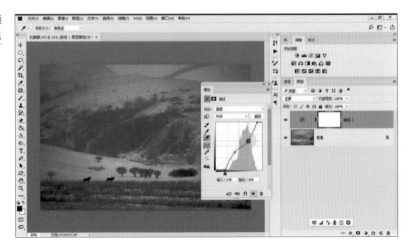

图2-4-26 通
过节点调整曲线

其实，在色阶和曲线之间我个人更偏向于曲线，因为曲线比较直观一点，除了补缺失之外还可以增加节点，而且可以更精确。比如说，我想让某个部分变亮或者变暗，这都是可以的，曲线可以通过节点的形式来调整某一个区域，这是它和色阶的一个区别。例如这个素材文件（如图2-4-27所示），经过曲线的精细调整，最终效果如图2-4-28所示。

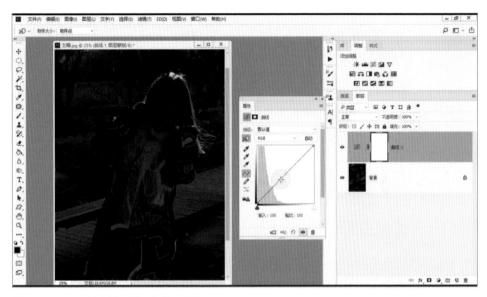

图2-4-27　为原始素材图增加曲线调整图层

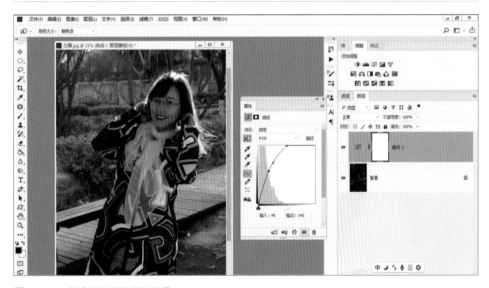

图2-4-28　曲线调整后的照片效果

接下来我们再看看用曲线怎么去调这张曝光过度的照片。在调整面板中单击曲线图标创建曲线调整图层。可以发现右侧最亮部分的信息过多，中间部分的信息量少，说明中间层次少，暗部信息量几乎没有，如图2-4-29所示。

图2-4-29　增加曲线调整图层

应该怎么调这张照片呢？现在不需要补缺失了，因为亮部也有信息了，微微调一点点就行了。中间层次怎么调整呢？可以在这个斜线中间增加一个节点后往下拉，注意控制分寸拉一点就可以了，通过这种方法来补充中间层次的信息。这样画面就调整完成了，对比一下效果，如图2-4-30所示。

图2-4-30　曲线调整后效果

在曲线面板左侧找到小手图标，单击选中，通过它可以对画面中指定的部分做精细的调整。如果想让后面的背景不要这么白，就单击并按住鼠标左键往下拉。如果发现调整得有点过了，可以按Ctrl+Z组合键返回刚才的步骤。因为背景太白会使画面显得对比太强、层次减少，令人感觉不太舒服，所以我们在背景处用小手图标单击并按住鼠标左键往下拉一点点就可以了，使其变成一个灰灰的这个调子，这个画面就调整完成了，如图2-4-31所示。

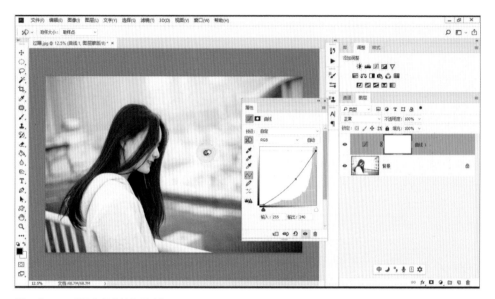

图2-4-31　对指定部分精细控制

对比一下可以发现，和色阶调整不一样的是，曲线上多了几个控制点。

刚才给大家介绍的几个色阶曲线的调整，都是简单地对图像的调整。最后再从右往左介绍一下曲线对话框下方的小图标。垃圾箱图标是删除此调整图层；眼睛图标是切换图层显示性、显示调整前/调整后的效果；圆形箭头图标是复位到调整默认值、恢复到原始的样子；眼睛加回返箭头图标是查看上一状态（也可以按\键）；左侧第一个图标是此调整将影响下面的所有图层（单击可剪切到图层），如图2-4-32所示。

图2-4-32　曲线对话框的图标介绍

3

如何让你的风光片与众不同

清风拂绿柳，
白水映红桃。
舟行碧波上，
人在画中游。

3-1 RAW格式介绍

本节介绍Camera Raw的有关知识。首先认识一下什么是Camera Raw，Camera是相机的意思，Raw就是未加工的，合在一起，Camera Raw就是相机原始数据文件。

RAW格式文件扩展名

不同相机厂商的RAW格式文件的扩展名是不一样的。佳能相机RAW文件的扩展名是CRW或CR2；尼康相机RAW文件的扩展名是NEF；宾得相机、索尼相机、松下相机、富士相机元数据文件也都有自己对应的扩展名。有些读者设置了RAW格式拍摄，但是不太熟悉RAW格式文件的扩展名，此时可以提前看看相机说明书了解一下。在相机中设置要拍摄的文件格式的控制界面如图3-1-1所示。

图3-1-1　在相机中可以设置要拍摄的文件格式

接下来我们先了解一下使用Camera Raw面板处理照片的优点，以及如何调整白平衡及使用配置文件；然后是带大家初步认识一下工具和选项卡；接下来是学习JPG格式文件应用技巧；最后是学习如何批量处理。

首先我们作范例的素材文件是使用宾得单反相机拍摄的RAW格式文件，使用的插件是Camera Raw 10.3。如果你使用的相机比较新，Camera Raw插件也需要随之升级，如果版本太老，可能无法打开较新的RAW格式文件，一定要注意。

上方图标

打开RAW格式文件的同时就会打开Camera Raw面板。咱们来了解下Camera Raw面板的大概情况，先来看上方工具栏中的图标，如图3-1-2所示。

图3-1-2　Camera Raw面板上方图标

视图工具

视图工具包括缩放工具和抓手工具，如图3-1-3所示。我们从左向右依次介绍一下，左起第一个图标是缩放工具，缩放工具和Photoshop里的放大工具用法是一样的。双击可以把照片放到100%显示，也可以在照片上单击鼠标右键然后在弹出的快捷菜单中手动选择视图的缩放比例，进行更精确的调整，如图3-1-4所示；也可以按-（减号）键慢慢地一点点地缩小，按+（加号）键则是放大。第二个图标是抓手工具，用来移动视图；如果想使视图适合屏幕大小，可以双击抓手工具，如图3-1-5所示。

图 3-1-3　缩放工具和抓手工具

图 3-1-4　按百分比选择视图缩放比例

图 3-1-5　抓手工具可以移动视图

144

调整白平衡

抓手工具右侧的选项首先是"调整白平衡"。有些照片偏色，可以利用吸管吸取18%灰进行校正偏色，如图3-1-6所示。后面的范例还会做详细的介绍。

图3-1-6　调整白平衡

颜色取样器工具

左起第四个图标颜色取样器就是对照片上某个点的位置进行颜色取样，提取该点的RGB数值。这个工具并不能对照片进行调整处理，其作用是对某个点或某几点进行取样，然后对取样点进行颜色或色温对比使用。在Adobe Camera Raw中最多可以对9个点进行颜色取值和对比。这9个点是可替换的，当已选取了9个点时，还可以去掉不需要的点，再选取其他点进行对比取样。在进行取样时，一定要把照片放大到100%，如果照片小于100%，取样是不准确的。每单击一个点取样时，照片上都会出现一个取样图标，图标的旁边有1~9的数字编号，取样后在照片的上方会标出取样点的RGB数值，如图3-1-7所示。

图3-1-7　颜色取样器

例如已对9个点取样，照片上方就会出现1~9的取样数值，照片上也有9个取样点图标，如图3-1-8所示。

图3-1-8 取样点的RGB数值

目标调整工具

利用目标调整工具，可以直接在照片上拖动，校正色调和颜色，而无需使用图像调整选项卡中的滑块，如图3-1-9所示。对有些用户来说，在图像上拖动的工作方法更加直观。然而，目标调整工具一般并不单独使用，它通常与功能面板配合使用，使用目标调整工具直接对照片做调整时，照片是有变化的，这些变化体现在功能面板中的"色调曲线"和"HLS/灰度"中（如图3-1-10所示的红框处）。"HLS/灰度"包括对"色相""饱和度"以及"亮度"的调整。

图3-1-9 目标调整工具

图3-1-10 色调曲线和HLS/灰度图标

图3-1-11 目标调整工具菜单选项

单击目标调整工具图右下的小倒三角，会出现下拉菜单，包括"参数曲线""色相""饱和度""明亮度""黑白混合"选项等，如图3-1-11所示。

裁剪工具

裁剪工具和Photoshop的裁剪工具也差不多，如图3-1-12和图3-1-13所示。可以拖动裁切框的四个角进行缩放，或者拖动四个边进行大小的调整，双击完成剪切。但是它有一个好处，做了半天调整之后，感觉图裁小了，怎么办？可以重新单击裁切工具，因为它是无损裁切，原来的照片并没有真正地被裁切掉，所以还有修复的余地，再重新裁切也是可以的。大家用的时候尽可放心去裁切。后面的范例中，还会详细介绍。

图3-1-12 裁剪工具的比例选项

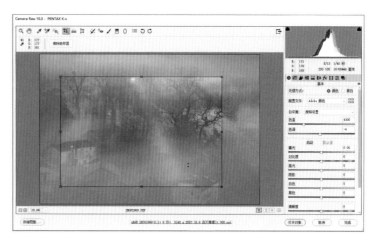

图3-1-13 裁剪工具

拉直工具

使用拉直工具可以对照片进行二次构图，如图3-1-14所示。第1章中学习利用裁切工具进行二次构图的时候，里面的拉直地平线操作就可以用拉直工具处理，根据地平线的位置随意地进行拖动。

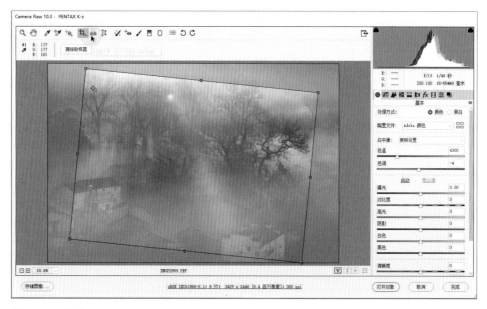

图3-1-14 拉直工具

变换工具

变换工具可以用来校正变形，例如超广角畸变、水平度倾斜等。单击变换工具之后，右侧即显示相应命令，如纵向透视校正、横向水平校正、透视校正等。后面会有更详细的实例说明，如图3-1-15所示。

图3-1-15 变换工具

污点去除工具

污点去除工具和1-3节中的修补工具的用法差不多，如图3-1-16所示。打开素材文件，这张照片放大之后会看到一些脏点，可能是因为CMOS里边脏了或者是镜头上有污点，这时可以使用这个工具来去除修复。首先调整画笔大小与不透明度，在污点上单击，并在临近部分取样。绿圈代表取样的部分，红色代表修复的污点部分，可以分别移动取样和修复融合。污点去除工具的使用方法和Photoshop的修复工具差不多，在后面会以范例的形式给大家具体讲解。

图3-1-16 污点去除工具

148

红眼去除工具

有些时候拍摄人物照片时，相机经过闪光之后，照片中会有红眼现象。利用去除红眼工具，在红眼上拖出一个选框，该处红眼就会被去除，如图3-1-17所示。Photoshop的工具组中也有这样的工具。

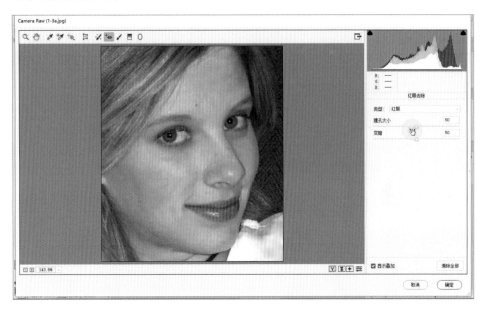

图3-1-17　修复红眼

调整画笔

利用调整画笔工具，可以对某个地方进行局部调整使之变暗或变亮，如图3-1-18所示。

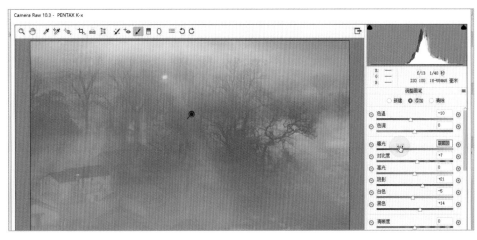

图3-1-18　调整画笔

渐变滤镜

利用渐变滤镜工具可以拉出一个渐变，如图3-1-19所示。

图3-1-19　渐变
滤镜

径向滤镜

利用径向滤镜工具可以画一个圆形并在其范围内进行调整，如图3-1-20所示。

图3-1-20　径向
滤镜

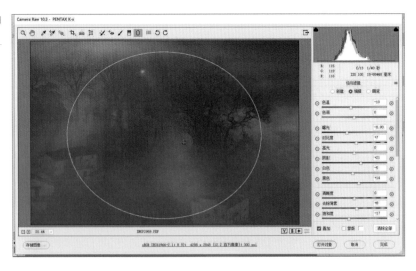

打开首选项对话框

单击这个菜单样的图标（或按Ctrl+K组合键）可以打开首选项对话框。在该对话框中可以对Camera Raw的每个选项进行初步设定，比如说可以使用Camera Raw滤镜处理JPG文件。

执行"编辑"—"首选项"—"Camera Raw"命令，在弹出的"Camera Raw首选项"对话框中可以进行一些设置，使JPG文件在打开的同时启动Camera Raw以对文件进行调整。对话框中有个设置——JPEG和TIFF处理，在下拉列表中设置"自动打开所有受支持的JPEG"及"自动打开所有受支持的TIFF"，如图3-1-21所示。这样的话用Photoshop打开一个JPEG或TIFF格式的文件时，它就会自动进入Camera Raw，可以借用Camera Raw面板对照片进行对比度、色彩饱和度等各种调整。但是有些选项是没有的，比如配置文件里边的人像风景等模式或是各种白平衡模式都没有。要想采用高画质的无损调整，最好是在拍摄时将相机的存储格式直接设置为RAW格式。

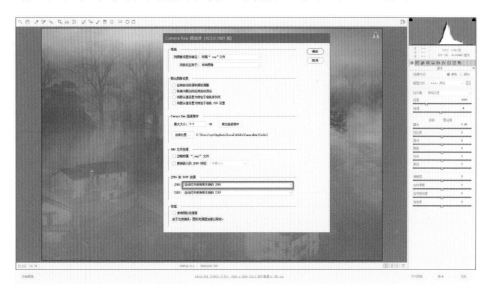

图3-1-21　Camera Raw首选项对话框

逆时针和顺时针旋转

图3-1-22所示的两个图标的功能是旋转照片。

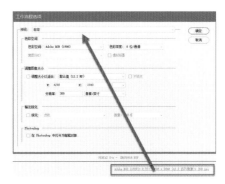

图3-1-22　旋转图标

工作流程选项

界面下方还有个工作流程选项，在这里可以设置色彩空间和色彩深度、调整图像大小以及为输出的不同纸张材料设置锐化等，如图3-1-23所示。

单击下拉按钮，可以设置多个色彩空间。

图3-1-23　工作流程选项

sRGB色彩空间

sRGB色彩空间是平时在显示器、手机屏幕和打印机上经常会用到的。sRGB（standard Red Green Blue）是由微软公司联合爱普生、HP惠普等影像巨擘共同开发的一种彩色语言协议，提供了一种标准方法来定义色彩，让显示器、打印机和扫描仪等各种计算机外部设备与应用软件能有一个共通的色彩语言。sRGB代表了标准的红、绿、蓝，即CRT显示器、LCD面板、投影仪、打印机以及其他设备中色彩再现所使用的三个基本色素，如图3-1-24所示。

图3-1-24　sRGB色彩空间

Adobe RGB色彩空间

还有一个色彩空间是Adobe RGB，如图3-1-25所示。Adobe RGB是Adobe公司于1998年提出的实用性色彩空间，具有更宽广的色彩范围，能更加真实地还原拍摄对象，记录更多的颜色细节。虽然Adobe RGB相比sRGB在颜色范围上拥有很大优势，但应用Adobe RGB作为色彩空间的输出设备和显示设备目前并不普及，同时价格也相对较贵。

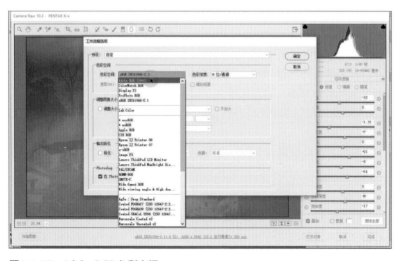

图3-1-25　Adobe RGB色彩空间

调整图像大小

根据最后的输出需要，可以在此处设置图像大小，如图3-1-26所示。为了保持画面的细节，若非需要，一般这里不用设置，保持默认值就可以了。

图3-1-26　调整图像大小

右侧调整选项卡

基本调整

首先是基本调整，都是平时最常用的，例如曝光对比度、色温、清晰度、饱和度等。因为常用，所以被放在最前面，称之为基本调整，如图3-1-27所示。很多照片只需用此处的调整项处理下就够用了，如果需要特殊的处理才需要使用到右侧其他的选项卡进行调整。

配置文件

配置文件和预设是Camera Raw 10.3版本以后新增的内容，有标准、风景、人像等模式可供选择，以便能非常便捷地获得各种场景所需要的色彩模式。但是配置文件功能只有将照片拍成RAW格式的时候才能够完美使用，如图3-1-28所示。

图3-1-28　配置文件

要说明的是，如果照片是JPG格式，借用Camera Raw面板，那么配置文件下拉列表中只有一些简单的操作选项，

图3-1-27　基本调整

难以对照片进行精细的调整控制。如果遇到难得的场景和瞬间，建议大家拍成双格式，一张JPG格式、一张RAW格式，这样的话后期调整起来就方便多了。

举个例子来说，关于白平衡的设置：在遇到一些场景不知道如何设置白平衡时，可以在相机中设成自动，然后你可以在Photoshop中利用Camera Raw重新设置，这样拍成RAW格式的好处在这里就体现出来了。

色调曲线

色调曲线表示对图像色调范围做更改。水平轴表示图像的原始色调值（输入值），左侧为黑色，并向右逐渐变亮。垂直轴表示更改的色调值，底部为黑色，并向上逐渐变为白色。如果曲线中的点上移，则输出为更亮的色调；如果下移，则输出为更暗的色调。45°斜线表示没有对色调相应曲线进行更改，即原始输入值与输出值完全匹配，如图3-1-29所示。

图 3-1-29 色调曲线

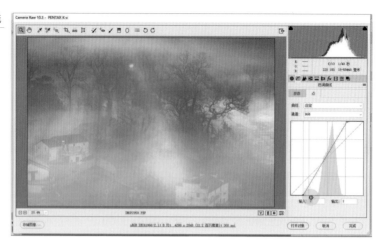

色调曲线可以用来调整图像中特定色调范围的值。中间区域属性（包括暗调和亮调）主要影响曲线的中间区域，高光和阴影属性主要影响色调范围的两端，如图3-1-30所示。

在选项卡中拖动曲线上的点时，色调曲线下面将显示"输入"和"输出"色调值。

图 3-1-30 根据不同色调范围进行更精细的调整

色调曲线和Photoshop里的曲线类似，可以按前面所学的知识，对照片进行详细调整。不管是针对高光、还是亮调或暗调以及阴影，都可以进行精细调整。

细节

细节对话框如图3-1-31所示。

"细节"选项卡上的锐化控件用于调整图像中的边缘清晰度。"锐化"选项用于根据指定的阈值查找与周围像素不同的像素，并按照指定的数量增加像素的对比度。

"数量"用于调整边缘清晰度。

"半径"用于调整应用锐化的细节的大小。

"细节"用于调整在图像中锐化多少高频信息和锐化过程强调边缘的程度。设置较低值将主要锐化边缘以消除模糊，设置较高值有助于使图像中的纹理更显著。

图3-1-31　细节对话框

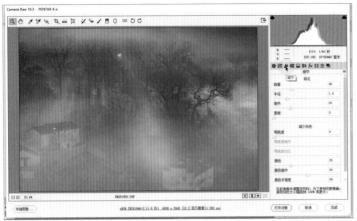

"蒙版"用于控制边缘蒙版，从而控制调整的边缘范围。

进行锐化操作时，可以将图像至少放大到 100％，按住 Alt 键并用鼠标拖动此滑块，可查看要锐化的区域（白色）和被遮罩的区域（黑色）。

"减少杂色"控件用于减少图像中多余的不自然的内容，这些内容会降低图像品质。图像杂色包括灰度杂色和单色杂色。灰度杂色使图像呈现粒状，不够平滑；单色杂色通常使图像颜色看起来不自然。如果拍摄时使用的 ISO 感光度高，或者数码相机不够精密，照片中可能会出现明显的杂色。

"明亮度"用于减少灰度杂色。

"颜色"用于减少单色杂色。

使用时应注意，将图像放大到至少 100％，才有利于准确地查看处理效果。

HSL调整

HSL 调整可根据选项卡中的控件调整各个颜色范围，如图 3-1-32 所示。

"色相"用于更改颜色。

"饱和度"用于更改颜色鲜明度或颜色纯度。

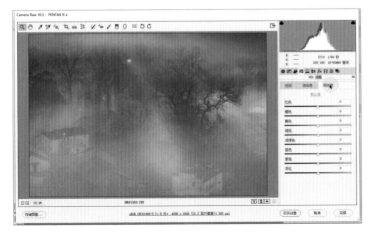

图3-1-32　HSL调整

"明亮度"用于更改颜色范围的亮度。

在"灰度混合"选项中如果选择"转换为灰度"，则只能看到一个嵌套选项卡。使用此选项卡中的控件可指定每个颜色范围在图像灰度版本中所占的比例。

HSL调整能够针对某个颜色的饱和度调整，如红色可以变成橙色或其他颜色，这个功能特别是对于一些局部的调整，特别方便。

分离色调

利用分离色调可调整某一部分的色调（比如高光部分、阴影部分），对这些区域的色相、饱和度等参数进行调节，如图3-1-33所示。平时用得不多，我们可以用这个选项进行微调，也可以用它制作出一些创意的色彩。

图3-1-33　分离色调

镜头校正

对于这张使用了广角镜头和超广角镜头拍摄的照片，通过镜头配置文件进行选择，非常方便。没有镜头配置文件的镜头也可以手动进行调整，不管是扭曲度还是晕影或者是去除紫边、绿边，调整起来都是很方便的，如图3-1-34所示。

图3-1-34　镜头校正

156

效果

利用效果可以为照片增加晕影效果，或是增加颗粒的质感等，如图3-1-35所示。

图3-1-35　效果选项

校准

校准的选项中有不同年代多种版本可以选择，在下面的调整选项中可以使某个颜色模拟某个相机的色彩，以进行校正色彩和模拟，如图3-1-36所示。

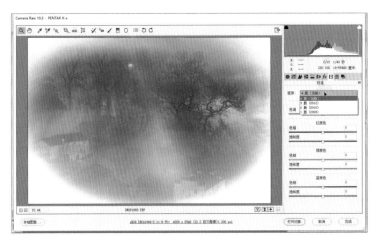

图3-1-36　校准

预设

预设是Camera Raw 10.3版本以后新增的内容，给初学者带来了极大的方便，如图3-1-37所示。

预设的选项中设置了多种效果，可以直接套用。例如黑白效果，可以直接应用，既免去了调整的过程，也能达到很好的效果。

预设是理解后期处理、增加学习兴趣的便捷通道。Adobe Raw配置文件可以显著改善照片所呈现的色彩并为编辑RAW图像提供一个良好的起点。

图 3-1-37 预设

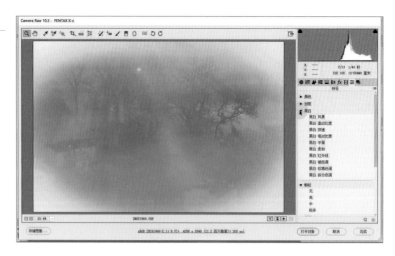

大家可以将所有当前 Camera Raw 图像设置（或其中的任何部分）存储为预设（使用"预设"选项卡底部的按钮来存储或删除），也可以直接应用"预设"选项卡中的预设。

快照

通过创建"快照"，可以记录图像在任意时间时的状态。快照是存储的图像重现，包括截止至创建快照时所做的一整套编辑操作。通过创建图像在编辑过程中各个时间点的快照，可以轻松地对比所做调整的效果。如果希望使用该图像另一时间点的版本，还可以返回至那个时间点的状态。快照的另一优势是可以处理图像的多个版本，而无需复制原始图像，如图 3-1-38 所示。

图 3-1-38 快照

批量处理照片

最后看一下怎么批量处理照片。

在 Photoshop 中使用"文件"—"打开"命令打开对话框，在对话框里同时选中三张照片（可以在对话框中用鼠标圈选三张照片，或者选中一张照片然后按住Ctrl键再选中另外两张，也可以按住Shift键的同时选中多张照片）。不管是RAW格式还是JPG格式，同一个场景下，处理的方法都差不多。在Camera Raw对话框中，按住Ctrl+Shift组合键，单击左侧的缩览图同时选择三张照片，选择之后可以调整对比度、饱和度、色温、锐化。当前照片在左侧的缩览图四周显示一个蓝色的框，下面两张同时选中的照片也同时被调整。调整完成后，可以单击左下侧的存储照片图标，在弹出的对话框中选择一个文件夹，文件扩展名可以设置为JPG格式，同时可以调整大小，设置好分辨率（网络或手机微信中用图可设置72像素，印刷则使用300像素），色彩空间可以设置为SRGB。然后单击"存储"按钮就可以把这三张照片存储到相应的目录下，如图3-1-39所示。

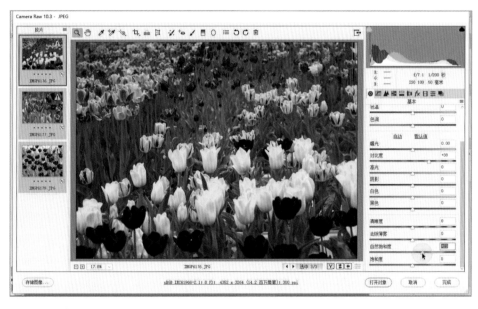

图3-1-39　批量处理照片

　　另外还有一个批量处理照片的简单方法是：打开光盘素材文件，这是佳能相机拍的一个RAW格式照片，在Camera Raw调板进行调整，调整好之后单击对话框右侧的横线图标，找到"储存设置"命令，在弹出的储存设置对话框中，其他类型不用动，直接点击"存储"按钮，弹出"存储设置"对话框，保存类型为*.xmp，名字可以根据自己处理照片的类型命名，方便以后调用，比如"大光比.xmp"，就是处理大光比这类照片的。如图3-1-40所示。

　　然后打开几张大光比照片，这里打开三张大光比照片，进入Camera Raw，点击第一张照片，然后按住键盘上的Shift键全部选择。依旧在左侧胶片栏的横线图标的下拉菜单中找到"载入设置"命令，然后找到并打开刚才存储的"大光比.xmp"，这三张大光比照片同时被调整正常，如图3-1-41所示。如果对效果不满意，还可以对单张照片进行微调。

　　这种方法比较适合对同一时间段拍摄或统一类型的照片进行批量处理。

图3-1-40　先调整一张照片，将文件的调整数据存储为模板

图3-1-41　将模板载入，批量调整大光比照片

3-2 将灰蒙蒙的照片调出意境

本章内容主要是调整风光片，一些基本的调整都是在Camera Raw滤镜里边调整的。本节将介绍一些既简单有效又快速的调整方式。

打开素材文件，进入Camera Raw。前面介绍Camera Raw的基本操作里边，已经介绍了相关的命令菜单。首先先观察一下画面，这是一张流云的照片。画面稍微有一点曝光不足，如图3-2-1所示。观察直方图会发现中间部分的信息居多，左边暗部的信息和右侧亮部的信息比较少。通过直方图就可以知道它是一张灰蒙蒙的照片，因为正常曝光的照片的直方图从左边位置到右边位置像一个"馒头山"。如果是一些高调的照片或暗调的照片，直方图又是不一样的效果。

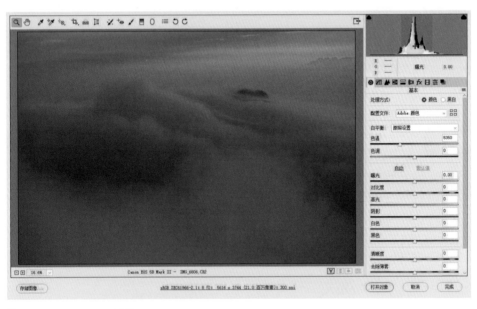

图3-2-1　Camera Raw面板

当鼠标指针放在直方图最左侧位置，它会自动出现一个灰色的条，区域表示黑色的区域，下方的RGB信息后面会显示"黑色"字样，如图3-2-2所示。后面将会对照片做简单的调整，以帮助大家对这些菜单和命令有简单了解。在直方图上向右移动鼠标指针，出现一个灰条，此时直方图下方显示阴影，对应的是画面中阴影的位置。再向右移动鼠标指针，灰条对应的中间部分是曝光。继续将鼠标指针向右移动，对应的是高光。最右侧是白色，是照片中最亮的部分。

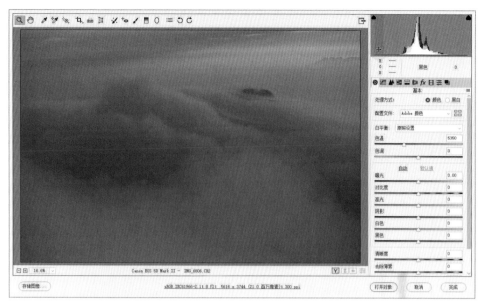

图3-2-2 直方图的不同区域代表的信息

现在把鼠标指针放在界面左侧显示灰色条的部分，然后按住鼠标左键往右拖动，会发现基本面板下边其他的数值没有变化，只有黑色部分的滑块的数值在增加，如图3-2-3所示。

图3-2-3 移动鼠标指针看下方文字信息的变化

先将所有滑块的数值恢复为零。在调整基本面板下方滑块的数值时，不要盲目地调整，要有参考性、对应地去调整。看一下鼠标指针悬停在直方图中的位置，直方图下方显示的是阴影，往左移动鼠标指针，数值在减少，如图3-2-4所示。

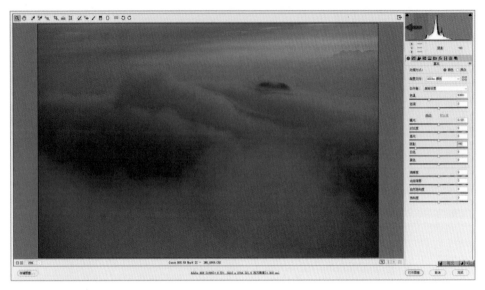

图3-2-4　鼠标指针向左移动时的数值变化

按住鼠标左键往右拖动，阴影滑块的数值在增加，画面变亮，恢复到原始状态，如图3-2-5所示。

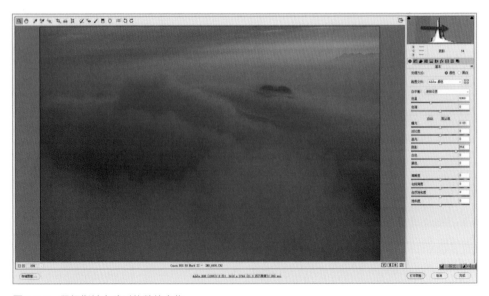

图3-2-5　鼠标指针右移时的数值变化

同样地在中间的曝光区域，按住鼠标左键拖动，笔者这样操作是为了能帮助大家了解需要调整的各数值是具体针对哪些部分在起作用，并不是说调整每张照片都要经过这样操作，如图3-2-6所示。

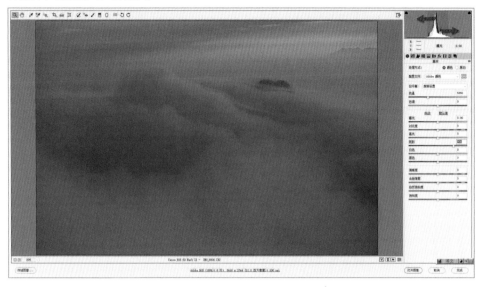

图3-2-6　了解数值的意义

　　按住鼠标左键往左拖动，数值不断减少，当鼠标拖到最左侧就会发现画面变得曝光不足；同样的道理，我们按住鼠标往右拖动，相当于增加了一点曝光补偿，调整的时候"曝光"的数值也在变化。观察完毕后，将"曝光"数值恢复初始状态。这是一个简单的演示，并不是说每一次调整都要调整这么多，如图3-2-7所示。

图3-2-7　数值随着鼠标指针移动而变化

在高光区域，单击并按住鼠标左键，仔细观察会发现，往左拖动鼠标的话，高光的数值也会一同变化，这里所调整的部分就是画面中高光的部分，演示完之后还归零。最右侧是白色，是画面中最亮的部分，现在同样单击并按住鼠标左键，仔细观察会发现，往左拖动鼠标的话，白色区域数值在变化。

经过这一系列的演示，我们知道了下面这几个命令对应的是画面中哪部分。接下来我们开始处理这张照片。其实很简单，只需要在曲线里补缺失就可以了，曲线里同样也是以直方图的形式出现的。大家看，这张照片的信息基本都集中在中间，区域左边暗部没有信息，右侧的亮部也没有信息，怎么办？单击并按住左下角的节点，向右侧拖移，然后再单击并按住右上角的节点，向左拖移填补缺失。经过这样的调整，再观察直方图是不是就正常了，波峰两边就不至于再有很大的空缺了。这张照片处理完毕后，单击对话框右下角的"完成"按钮结束 RAW 格式照片的调整，或者单击左下角的"存储图像"按钮将照片保存，如图 3-2-8 所示。

图 3-2-8　利用曲线面板进行补缺失校正

3-3 不怕大光比

本节介绍如何调整大光比的照片。对比一下效果，左侧是原始照片，右侧是调整过的照片。原片的问题就是山的部分过暗，缺乏层次感，色彩也不行；但天空是正常的，最亮的地方还稍微有一些曝光过度现象。还好这张照片拍的是RAW格式的文件，我们在Camera Raw里进行调整之后，便得到了非常丰富的细节，变成了很有层次的照片，如图3-3-1所示。

图3-3-1　大光比的照片调整前后效果对比

下面就来调整这张照片。首先把原始照片打开，打开后会发现暗部的层次非常少。那么很简单，只需把暗部阴影的地方调亮就可以了，如图3-3-2所示。

图3-3-2　大光比的原始照片，调亮暗部

168

现在阴影的数值变化很明显。在调整的过程中，会发现天空没有发生变化，这是因为天空的曝光是正常的，所以我们不用对天空做过多的调整。

将阴影滑块往右侧拖，得到如图3-3-3所示的画面。其实阴影部分的层次是非常丰富的，里边包含了很多的内容，包括山峰、果子沟大桥、丛林等。

图3-3-3　调整阴影

调整后，照片暗部就算处理完了。现在看最亮部分，天空最亮部分白色溢出，将高光滑块往左侧拖动，发现天空出现了层次和细节。

这就是拍摄RAW格式的好处。RAW格式可以保留更多原始信息，有助于后期更好地进行调整。

再来看清晰度和饱和度，适当加一点清晰度，加一点点自然饱和度，注意观察画面效果。自然饱和度是指调整原始照片里系统认为不太饱和的区域，调整后依然会比较自然，如图3-3-4和图3-3-5所示。

图3-3-4　调整清晰度

图3-3-5　调整饱和度

　　然后是减少杂色，因为照片上稍微有一些噪点。在细节选项里面，使用减少杂色选项进行适当调整。调整时要将画面稍微放大，能看到原来噪点被消除了一部分，这样整个画面就调整完成了，如图3-3-6所示。

图3-3-6　减少杂色

　　总体来说，在Camera Raw中调整这种大光比照片是非常简单的。所以在拍摄照片时，可以考虑把重要的照片拍成RAW格式文件来保存，这样既可以保留更多信息，又方便需要时修改调整，如图3-3-7所示。

图3-3-7　RAW格式文件可以随时修改调整

调整完存储的时候，可以将文件设置为JPEG格式并选择最佳品质，其他参数保持不变，如图3-3-8所示。如果想输出较小的文件，也可以调整品质大小，但是原始文件一定要注意保存好。

图3-3-8　可以存储一份最高品质的JPEG格式文件

我们可以将原始照片保留好，处理后的照片另外新建一个文件夹存储。如果想在网上交流或是在论坛上发布照片，可以打开处理好的照片进行缩小，处理完成后依然要记得将其另外存储，这样就不会损坏精修照片。

3-4 让曝光不足的片子瞬间正常

本节将介绍曝光不足的照片应该怎么调整。首先来看这个素材文件，如图3-4-1所示，这张照片是冬天拍摄的，因为拍摄的时候周边的环境光仅仅是右侧山头上的一个小小的灯泡，非常弱所以即使当时用了30秒的曝光时间，整个画面还是感觉曝光不足，光线有点暗；但是因为拍摄时使用了三脚架，画面细节上还是不错的，放大之后，细节的表现依然很好 。

图 3-4-1 曝光不
足的原始照片

那时候天刚刚暗下来，后面的天空还是比较蓝的，但是画面整体感觉不够通透。现在需要把画面整体对比度加强一点，亮的地方让它亮起来，层次、细节包括雪的颗粒感都能调整出来。再来看调整后的照片效果，就显得明快通透多了，如图3-4-2所示。

图 3-4-2 调整后
的照片效果

下面来学习如何调整这张照片。

打开Photoshop，并打开这张用RAW格式拍摄的雪景照片。先将曲线面板打开，参照一下。前面已经讲过，曲线里也是以直方图的方式显示的，左侧部分是暗部的信息，中间部分是整个画面中间调的信息，右侧显示的是高光或者说是最亮部分的信息。通过观看直方图，会发现右侧的信息量是缺失的，如图3-4-3所示。那么大家思考一下，应该怎么办呢？

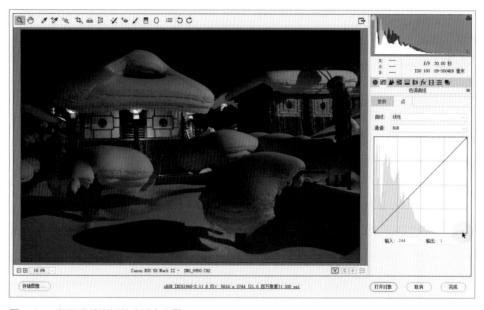

图3-4-3　打开曲线面板并分析直方图

　　前面已经说过，要补偿缺失的信息，对不对？针对灰蒙蒙的照片要补缺失，应注意的是在补缺失的同时要关注画面的亮部，不要补过了，以免层次减少。调整完曲线后，再将对比度稍微加一点。调整的过程中一定要边观察画面边去调整，而不要盲目照搬范例中使用的参数，因为最后你要调整的是你自己的照片，而不是范例照片。范例照片（如图3-4-4所示）只是在给大家演示这一类型的照片要怎么去调整。

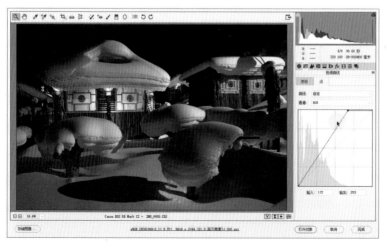

图3-4-4　用曲线调整补偿亮部缺失

大光比的照片或是曝光不足的照片应该怎么去调整？这有一个思路：先把灰蒙蒙的照片对比度调一下，然后补缺失，或者是把色彩明暗度调一下。这只是一个思路，不是说所有的照片应都按这个参数去调整。

当然，大家在练习的时候，可以先用我们提供的样片去做练习，把阴影稍微提亮一点，以使画面暗部的层次更丰富。调整的过程中，看一下天空是不是有些变化。这张雪景照片是在天刚黑还有一点蓝蓝的颜色的时候拍摄的，这个时候是最好的，因为天空不是一片死黑，那么调整的时候一定要注意把这个天空的特点给调整出来，如图3-4-5所示。

图3-4-5　注意调出天空的层次

另外就是清晰度。清晰度调整是为了让画面的层次更加丰富。但是在调整清晰度时，会发现色彩也有一点点变化，变得不是那么鲜艳。但是没关系，色彩的鲜艳程度可以通过色彩饱和度去调整。在清晰度调整的过程中，可以先观察一下，比如画面上方的窗户，看一下它的清晰度是否合适，如图3-4-6所示。

图3-4-6　清晰度的调整

176

经过对清晰度调整，慢慢地可以看到木头的纹理以及窗户的细节愈发明显，包括暗部的层次都有所加强。放大之后可以再看一下雪的颗粒感是不是变得更明显，如图3-4-7和图3-4-8所示。

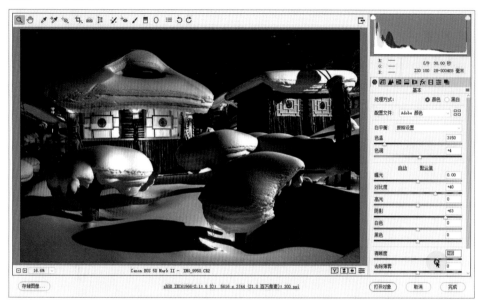

图3-4-7　注意暗部层次

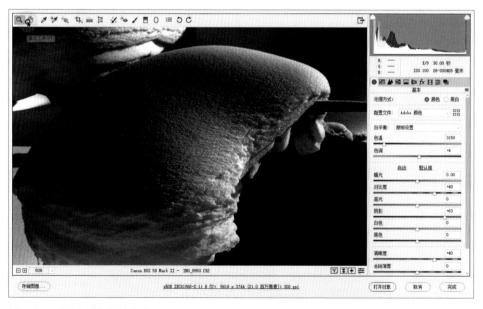

图3-4-8　观察细节处的清晰度

接下来调自然饱和度，将自然饱和度加一点，如图3-4-9所示。此时会发现雪会有一点偏紫，这是因为照片色温和前期拍摄时环境光的影响，会出现淡淡的紫色。这个时候我们就要考虑，因为拍摄的是雪景，所以在照片调整的时候偏冷的蓝色调会更加舒服，可以和小屋的暖色灯光形成冷暖对比；而如果是偏紫色调的话就会影响视觉效果。在这幅画面中，冬天的雪景里出现这种紫色怎么办？调整色温！

图3-4-9　自然饱和度调整

　　拖动色温滑块，同时观察画面，可以看到向右侧拖动时是偏黄的调子，向左侧拖动时则是偏冷的调子，中间则偏紫。一般来说，冬天拍摄的雪景如果是黄黄的暖色调会让人感觉不太适合，缺少寒冷和晶莹纯净的感觉。即便拍摄时受环境光的影响比较大，也可以用白平衡来进行调整控制，毕竟冬天的雪景还是应以冷色调为主。针对这张照片，我们将色温滑块往左侧拖动后可以看到，整个画面无论是通透感还是色彩感各方面都有所提升，如图3-4-10和图3-4-11所示。

图3-4-10　偏暖的低色温画面

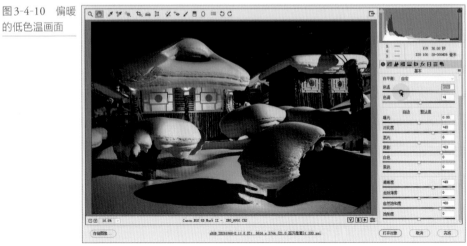

图 3-4-11　偏冷的高色温画面

　　从画面上看，受环境光的影响，画面中有一点点紫色，但大面积是蓝色，这一点点紫色并不影响画面效果，反而给人一种色彩变化比较丰富的感觉。当然也可以把色温再调一点，让整个画面更偏为冷冷的蓝色。放大观察白雪的细节，最亮部分的层次也出来了！ 如图3-4-12所示。

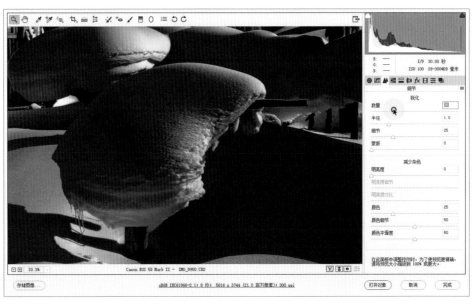

图 3-4-12　放大观看细节

想让画面颗粒感的细节更好，可以在细节选项里稍微加一点锐化，不用加太多，这样细节会更丰满。

处理前后的效果对比，如图3-4-13所示。

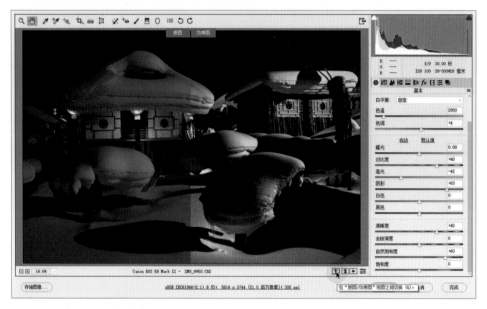

图3-4-13 处理前后效果对比

调整完成之后可以单击"存储图像"，将其存储到合适的位置，下次再调用就可以了。如果不想将其存储为其他格式，可以直接单击"完成"按钮。比如说刚才处理的这张照片，在Camera Raw窗口中单击"完成"按钮后，再次打开时，就直接显示这次调整后的效果。

3-5　局部调整曝光不均匀的照片

上一节介绍了调整曝光不足照片的基本技巧。本节将讲述对照片的曝光不均匀进行进一步局部调整的技巧。

首先打开素材文件，我们先对这张照片的整体曝光不足进行调整。和原图相比，经过基本调整后的照片整个画面的色彩、曝光、层次，还有光束都变得很漂亮，曝光均衡，层次感强、画面通透，如图3-5-1所示。

图3-5-1　已基本处理后的照片

将照片放大，发现在清晰度调整后，画面的暗部出现了一些噪点，如图3-5-2所示。这时我们就需要优化一下，对这个图像进行降噪处理。

图 3-5-2　暗部有明显噪点

放大后观察画面，可以发现暗部的噪点主要是彩色噪点。我们可以将颜色选项的数值加大一点，向右适当拖动颜色滑块，同时观察画面效果，如图3-5-3所示。

图3-5-3　去除彩色噪点

　　经过调整，整个画面的噪点减弱了很多，如图3-5-4所示。

图3-5-4　有关明亮度噪点

　　那么，明亮度的调整对减少杂色会起到哪些作用？现在调一下看看。该数值越大，边缘越模糊，包括里面的细节都全部模糊到一起了，包括边缘都模糊了。所以在一般情况下，为了保持画面的线条、层次和清晰度，亮度不要调那么高，经过简单的降噪处理，整个调整就完成了。

3-6　让瀑布呈现梦幻蓝

　　本节为大家介绍如何处理瀑布流水风光片。首先打开素材文件，这张照片原片的曝光基本上没有什么大的问题，拍摄的时候用的是自动白平衡模式，整个画面基本正常，色彩是暖暖的调子。阳光的照射使石头有点黄黄的，包括后面的树林也有点暖暖的调子，是一幅较为普通的春天风光作品，如图3-6-1所示。但是从整个画面来说，色彩稍显冷暖色对比不强，如果流水再冷一点，让画面有一个冷暖对比可能就好多了。冷的水和人物的红有一个冷暖对比，画面就活起来了，色彩上会显得更丰富。接下来我们尝试去处理这样的效果，制作方法其实也简单，具体操作如下。

图 3-6-1　原始
照片色彩平淡

　　首先复制背景图层，如图3-6-2所示。这是为了保证人物的衣服自始至终保持暖色调，与之对应的是瀑布还有水面则要显示为冷色调。

图3-6-2　复制背景图层

执行Camera Raw滤镜命令，进入Camera Raw进行调整。调整流水最简单的方法就是调整色温，将色温滑块向左调即偏冷偏蓝，向右调则偏暖偏黄。考虑到瀑布以及水面的颜色，所以向左微微调整色温滑块，画面成为偏冷的色调，如图3-6-3所示。

图3-6-3　调整色温

调整过之后，打开曲线选项，进行微微调整，同时观察水面以及瀑布的色彩，你会发现画面变得明快起来，如图3-6-4所示。

图3-6-4　调整曲线

微微地向左调整一下清晰度，会发现瀑布变得如丝如雾，给人很梦幻的感觉。稍微调一下就行，调整的数值不需要特别大，调整完之后单击"确定"，如图3-6-5所示。

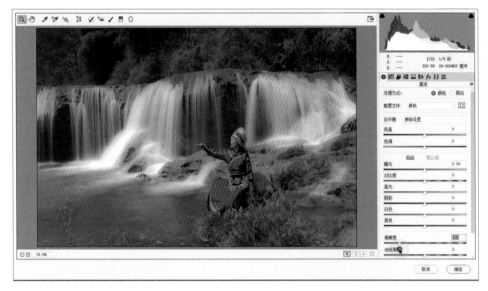

图3-6-5　调整清晰度

可以和原来对比一下，调整完的瀑布有一种很梦幻的感觉。做完这些调整后，接下来需要把人物的原始色彩显现出来，因为人物穿的衣服包括肤色经过前面的调整之后偏蓝了，这是我们不想要的。我们只需要瀑布和水面变成冷色调就行，人物不需要，人物的衣服还是趋向于原始的色彩看起来比较舒服。为背景拷贝图层添加图层蒙版，如图3-6-6所示。

图3-6-6　增加图层蒙版

之后用画笔工具做进一步处理。调整画笔大小（稍微大一点），设置前景色为黑色，不透明度设置得高一点，在人物部分涂抹，如图3-6-7所示。

图3-6-7　设置画笔

涂抹后会发现，人物部分回到原始的色彩，也就是最初的状态，如图3-6-8所示。

图3-6-8　在蒙版上涂抹人物部分使人物部分呈现原始的色彩

操作时可以将画面放大以便更仔细地涂抹。随时单击鼠标右键调整画笔的大小，精细涂抹细节部分，包括头部的银饰、衣服等，使之呈现出最初的暖色调。前几章已经学过通道以及蒙版的原理——"白要黑不要"，用黑色涂过的部分就回到了最初的原始色彩，只保留了对瀑布和水面的调整。处理后画面看起来色彩更加丰富，流水更加梦幻，如图3-6-9所示。

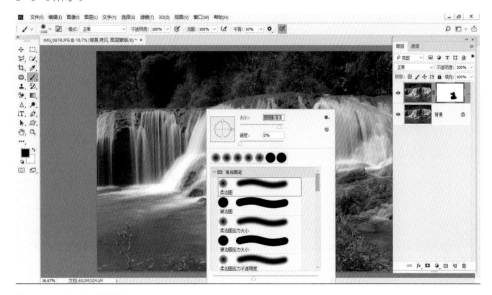

图3-6-9　完成后的效果

3-7　夜景偏色的照片怎么处理才美

　　本节介绍如何处理夜景偏色的照片。首先来看，这张照片是在傍晚时分拍摄的，由于受环境灯光的影响，木屋的色彩稍微有些偏蓝，饱和度过高、色彩溢出，同时细节很不明显，所以通过后期进行校正非常必要，如图3-7-1所示。

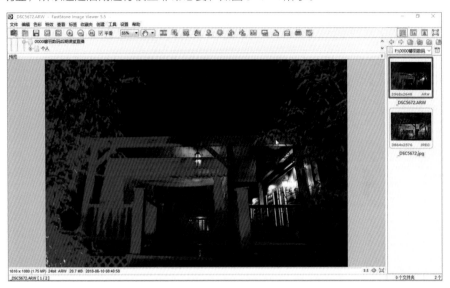

图3-7-1　原始照片偏蓝、色彩溢出

　　原始的照片是手持拍摄的，曝光速度稍微有些快，曝光稍显不足，因此可以首先调整一下曝光，如图3-7-2所示。

图3-7-2　调整曝光

观察一下照片最亮的部分，我们会发现层次有些少，于是先把高光减一下，同时调高阴影的数值，这样就能将阴影部分的细节也显示出来，如图3-7-3所示。

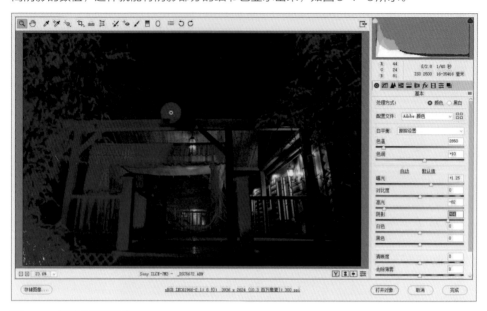

图3-7-3　调整出阴影细节

现在来看帘子这一部分的细节，发现层次感更好了，但栏杆部分还是有一些蓝色溢出现象，这时可以通过清晰度和色温的调整来缓解这种现象，如图3-7-4、图3-7-5和图3-7-6所示。

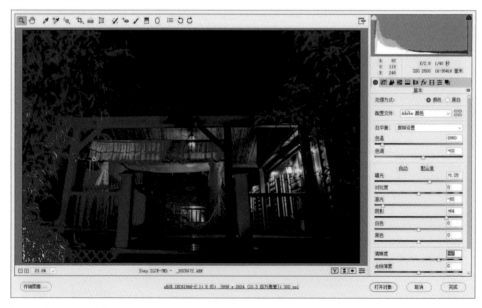

图3-7-4　调整清晰度

192

图 3-7-5　偏暖的色温

图 3-7-6　进一步调整色温

　　此时可发现画面的噪点有些严重，我们可以在"细节"面板中做降噪处理，通过对明亮度和颜色参数的调整以达到降噪的效果，使画面变得更细腻，如图 3-7-7 所示。

图3-7-7　降低噪点

　　最后利用曲线选项对整个画面做对比度的调整，调整完毕及时将文件存储，如图3-7-8所示。

图3-7-8　用曲线调整对比度

3-8　让秋的感觉更浓

　　本节介绍如何让秋的感觉更浓。首先看原始照片。打开素材文件，这是在秋天拍摄的照片，因为去的时间有些早，叶子不是特别红。画面前景是树枝画面靠下部分是弯弯曲曲的山路，背景是远山。拍摄回来后看到这个片子还是非常喜欢的，很怀念在山上拍摄的那种感觉，如图3-8-1所示。

图3-8-1　原始素材
照片

　　但可惜的是去得早了点，叶子还没有完全变黄。由于短期内不可能再去这个地方了，为了弥补这些遗憾，能过一把深秋的瘾，笔者在后期时就尝试做了一些调整，以期能感受一下深秋的感觉。

　　下面就通过几个简单的调整步骤，来获得我们想要的效果。首先在Photoshop里打开这张照片，进入Camera Raw窗口，调整一下对比度，让远山的层次更加清晰。通过增加去除薄雾的参数值加大画面的清晰度，色温也可以稍微调整得偏蓝一点点，如图3-8-2所示。

图3-8-2　去除薄
雾加强对比并提高
自然饱和度

196

为了加强画面的冷暖对比，让秋天的感觉更强烈，可以将自然饱和度再适当加一点，这样基本的调整就完成了。

接下来是局部调整，以调整某一个颜色，这是因为如果只进行全局调整饱和度，是得不到那种红红的叶子的。所以我们先将自然饱和度加一点，然后再在HSL调整面板中调整单独的颜色，如图3-8-3所示。

图3-8-3　HSL
调整

观察一下色相、饱和度、明亮度选项卡，下面的选项有红色、橙色、黄色、绿色等。这些单独的颜色参数表示对画面里某种颜色进行单独调整，比如，可以对某个颜色例如绿色的饱和度或者明亮度进行单独调整。

这里使用色相来做局部调整。首先看一下树的叶子，树的叶子不仅仅是绿色，它还包含有红和黄的成分，甚至还有橘色的成分，所以应分别对这些颜色进行调整。在色相选项中，把绿色滑块向左边拖一点，变成黄与橘黄的颜色，把绿色尽可能往红黄这个颜色上靠，如图3-8-4所示。

图3-8-4　对色彩
进行单项调整将
绿色变黄

因为叶子里有黄色成分，所以把黄色滑块向左边调整，以加强秋天黄叶的橘黄成分，如图3-8-5所示。

图3-8-5　令绿叶中的黄色倾向于橘黄

接下来调整橙色，使叶子红起来，如图3-8-6所示。

图3-8-6　加强红色形成更丰富的层次

198

浅绿色可以保持不动。做过基本的调整之后，再来看一下曲线选项，把曲线的弧度稍微向上提一点，把阴影调出层次感，然后将高光压一点，清晰度调高一点，这样层次就出来了。很多时候我们只需要一些微调就能达成想要的效果，如图3-8-7和图3-8-8所示。

图3-8-7　曲线微调

图3-8-8　回到基本调整

现在发现树干有点太黑了，整个层次没有出来，可以对它也做下局部调整。树干处在阴影处，我们可以选择画笔工具，在这里涂刷一下，并将右侧的调整画笔面板中的饱和度滑块向右拖动一点，如图3-8-9所示。

图3-8-9 使用调整画笔调整

树干的颜色偏绿，深秋效果应该是暖暖的色调，因此我们将色调滑块往右边调整是对的，如图3-8-10所示。然后单击调整画笔按钮将其选中，调整局部曝光以突出主体，

图3-8-10 调整色调

如图3-8-11所示。

图3-8-11　调整局部曝光

　　清晰度也可以调高一点，高光再加一点点，这样树干看上去更清晰了，树干上的纹理也得以显示。现在单击"打开图像"按钮，进入Photoshop标准界面，如图3-8-12所示。

图3-8-12　回到标准界面

在Photoshop标准界面里，对前景的树枝进行调整，因为这些树枝有些杂乱，影响了整个画面的效果。

在图层面板上双击图层缩览图将图层解锁，使图层进入到可编辑状态。然后使用多边形套索工具，将这部分树枝选择。

先使用仿制图章工具将树枝部分修复为天空的形态，然后按Ctrl+ D组合键取消选择。再使用仿制图章工具，对山峰上的树枝一点点进行修复，如图3-8-13所示。可以单击鼠标右键调整画笔大小。修复时要注意保证其自然形态。修复后前景变得明显了，看起来好多了。把文件另存一份，完成操作。

图3-8-13　局部细节的修饰与调整

3-9 利用Lab模式调出照片的丰富色彩

本节介绍如何利用Lab模式为照片调出丰富的色彩。首先打开需要调整的照片，这是在秋天拍摄的红叶。执行"图像"—"模式"—"Lab颜色"命令，由RGB颜色模式转化为Lab颜色模式，如图3-9-1所示。

图3-9-1　由RGB颜色模式转化为Lab颜色模式

那么会出现什么变化？我们将通道面板打开，观察一下。这里有三个通道，一个是明度通道，不含任何色彩信息，是对明暗度的调整；还有一个a通道和一个b通道。这两个通道分别代表什么？待会儿你就会明白，如图3-9-2和图3-9-3所示。

图3-9-2　Lab通道的含义

图3-9-3　b通道不显示的效果

回到图层里，执行调整面板的"曲线"命令，将曲线面板打开，这是Lab颜色模式的曲线调整，如图3-9-4所示。

图3-9-4　打开曲线面板

可以看到里边有一个明度通道，和刚才在通道面板里看到的是一模一样的。这个明度通道也是可以调整照片的明暗的对比度，不牵涉颜色的变化。这里同样是以直方图的形式显示，可以适当调整一下明暗对比度，调整完来到A通道，如图3-9-5和图3-9-6所示。

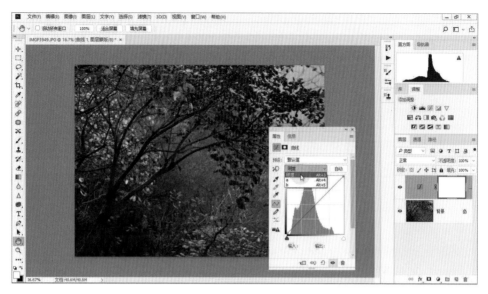

图3-9-5　选择明度通道

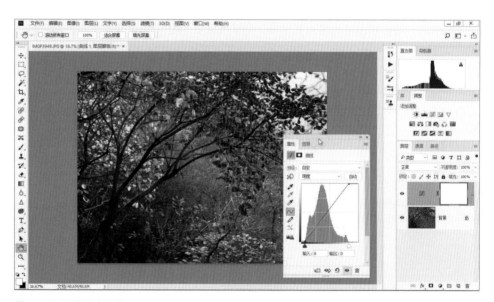

图3-9-6　调整明度通道

　　a通道是红色与绿色之间的调整，本张照片可以加一点红色的成分。加的时候，边增加边观看效果，红色和绿色对抗关系，红色过多的时候绿色就会减弱，绿色过多的时候红色就会减弱。大家可以一边调整一边观察画面，如图3-9-7所示。

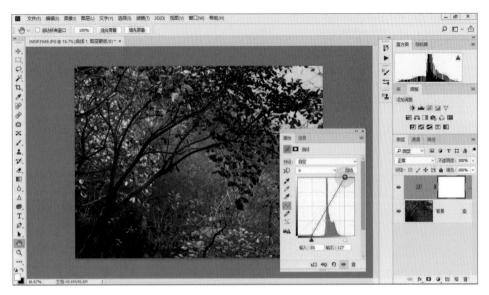

图 3-9-7　调整 a 通道

　　现在选择 b 通道，b 通道是黄色和蓝色之间的调整，本张照片需要让黄色加强。同样地，这和刚才那个红绿通道调整是一样的。那么现在增加黄色和蓝色，会看到背景是蓝蓝的色调。黄色和蓝色也是对抗关系，如果蓝色多，黄色就会适当减弱；黄色多的话，蓝色同样也会减弱。所以调整的时候一定要注意这个问题，如果想让画面有一个冷暖对比的色调，黄色就不能加得太多。现在这幅画面就调整完成了，效果如图 3-9-8 和图 3-9-9 所示。

图 3-9-8　调整 b 通道

图3-9-9　进一步调整b通道加强饱和度

　　用Lab模式调整出来的画面色彩非常丰富，原来没有显示的一些颜色会得到加强，色彩的冷暖对比也得以强化。那么现在有些读者会问了，用色相饱和度可以不可以？咱们试验一下，先把上面这个Lab调整关掉，回到最初的图层。接着我们打开色相饱和度、调整图层、增加饱和度——适当增加一点点，不敢加多，要不就溢出了。那么现在我们得到的是这样的一幅画面，如图3-9-10所示。

图3-9-10　改为使用RGB模式调整色相饱和度后的效果

这样调整后，背景里的一些颜色并没有显示出来，只是简单地把红色和黄色的叶子的颜色增强了。那么现再看刚才用Lab模式调整的这张照片，如图3-9-11所示，是不是比RGB模式下调整的那个版本的色彩要丰富很多？在Lab模式版本中，增加了绿色，加强了蓝的色彩。在秋天拍摄的红叶照片中，如果有一些蓝色的成分，即形成冷暖对比，你就会发现红色会变得更加漂亮。这是一个利用Lab色彩模式调整的一个范例。现在可以把这个调整后的照片存储关闭。

图3-9-11 用Lab模式调整的效果对比加强了

我们还可以调整出很多类似的效果。打开素材文件，用同样的方法调整这张在新疆安集海大峡谷拍摄的风光照片，原始照片如图3-9-12所示。

这张照片同样可以利用Lab模式调出丰富的色彩。转换为Lab模式之后，增加曲线调整图层，用明度通道调整一下明暗对比度，让色调厚重一点，然后适当加一点颜色，如图3-9-13所示。

图3-9-12 在Photoshop中打开要调整的照片

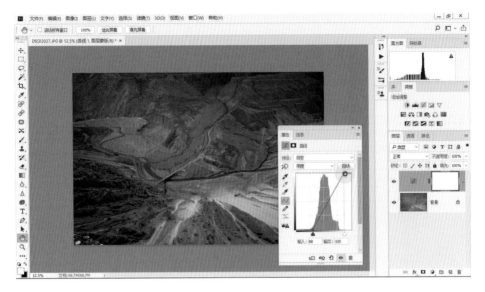

图 3-9-13　在 Lab 模式下调整明度通道

　　调整之后，利用和刚才同样的方法选择 a 通道。这里边其实颜色非常丰富，包括青绿色、红色，以及各种颜色的岩石和植被。接着，通过 a 通道增加红色和绿色的浓度，通过 b 通道加强黄色和蓝色的浓度，一般调整一格左右就可以，不同的照片增强的数值也不一样。如果红色还不是特别明显，可以再多加一点。红色加得多的话，绿色同样也要适当地增加，它俩是一个对抗的关系，绿色加多就偏绿了，红色加多就偏红了。如果加多了的话可以再回调一点点，不断调整，最终得到了这样的一幅画面。调整后照片的颜色现在看起来非常自然，如图 3-9-14～图 3-9-16 所示。

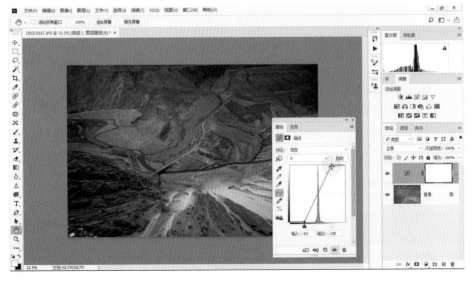

图 3-9-14　调整 a 通道

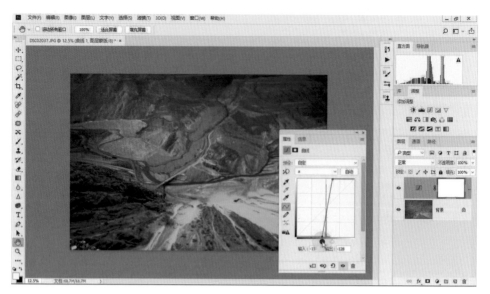

图3-9-15　对照调整曲线两端

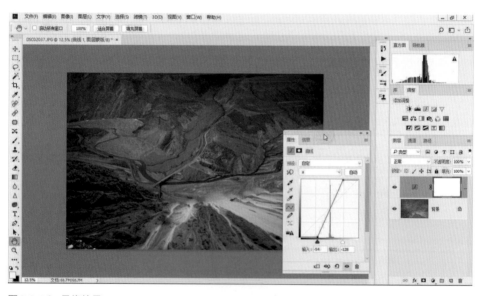

图3-9-16　最终效果

　　先关闭这张风景照片，接下来再演示一张在新疆的人体山拍摄的照片。这是一张风光照片，我们可以利用同样的方法加以调整，首先将图像模式转化为Lab模式，然后在图层面板中增加曲线调整图层，如图3-9-17所示。

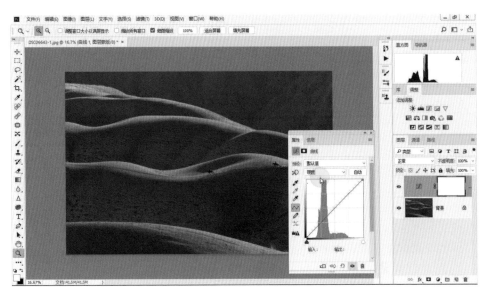

图 3-9-17　转换为 Lab 模式并增加调整图层

　　本节我使用了不同的照片进行演示，是希望读者在调整自己的照片的时候可以触类旁通。这张照片与之前一样，首先在明度通道调整明暗对比度，由于明度通道不牵涉颜色，因此颜色没有任何变化，如图 3-9-18 所示。

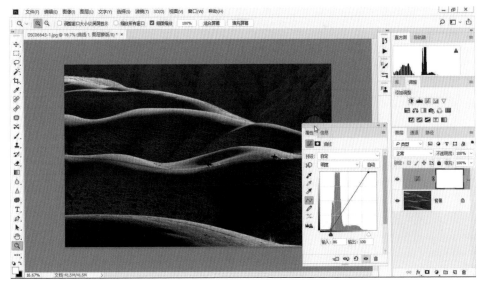

图 3-9-18　调整明度通道

　　接下来加强黄绿色，我们知道 b 通道是黄色和蓝色，可以适当加强一点点蓝色，想让哪个颜色更浓郁，这个颜色就得加多一点，如图 3-9-19 所示。

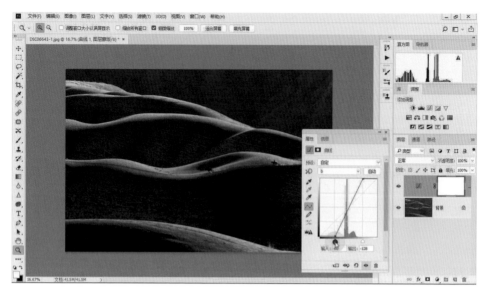

图3-9-19　调整b通道加强黄绿色

　　a通道是调整红色和绿色，通过调整a通道可以加强红色和绿色。这样照片的效果就出来了，这个色调和原来的相比显得更加浓郁、更加富有现场感，而不再是原来灰蒙蒙的样子，如图3-9-20所示。

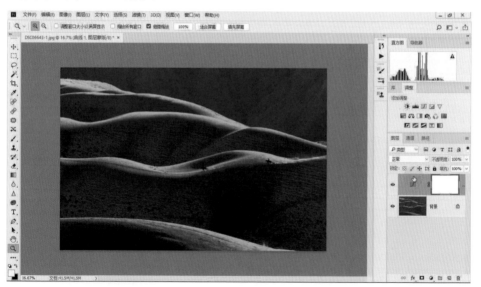

图3-9-20　调整a通道后的效果

　　那么如何存储呢？因为现在还是在Lab模式里边，所以需要将模式转化为RGB模式，合并之后执行"另存为"命令就可以了，如图3-9-21所示。

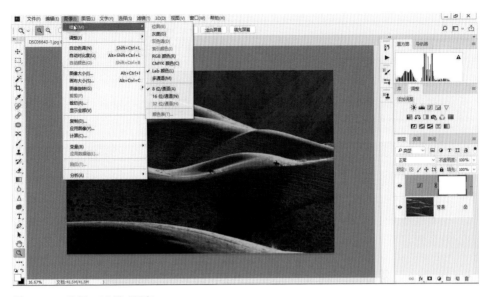

图 3-9-21　转回RGB模式另存

　　注意，整个调整过程我们只是借用了Lab这个色彩模式调整了颜色，调整之后，还要转化为RGB色彩模式才能存储。存储之后，色彩也不会有任何的变化。有读者说，Lab到底是什么？怎么演示？大家可以打开下面这张照片看一下，这个更直观一点。

　　L通道是明暗度，不牵涉任何颜色；a通道是红到绿色，是一个颜色过渡变化的调整；b通道是黄到蓝色，如图3-9-22所示。读者可以用自己的照片多加练习，去发现更丰富的色彩！

图 3-9-22　Lab示意图

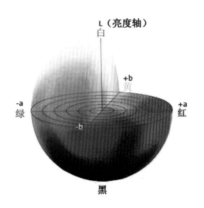

3-10　原来接片这么简单

本节介绍如何在Photoshop中接片。拍摄宽幅的接片，首先在拍摄过程中有几个注意事项：第一，在拍摄接片的时候，注意按顺序水平旋转拍摄，方便以后的调用；第二，在拍摄的过程中，为了保证曝光的统一，建议使用M挡也就是全手动挡，设置好光圈、快门速度、感光度等参数。我们拍的照片，可能是三张、五张，也可能有十余张，然后用它们接成一个大的场景。如果有一张曝光不足、曝光过度或者曝光不均衡，就会前功尽弃，造成画面衔接困难。

如图3-10-1所示的三张照片使用的是RAW格式，因为想要得到高画质、高质量的大照片。前期如果用RAW格式进行拍摄，后期接片的时候，由于RAW格式文件往往像素高、尺寸大，软件运行速度可能会比较慢，有些计算机配置低的话可能会更慢或者不能运行。这里为便于演示，笔者把它们转成了三个小尺寸的JPG文件。当然直接用RAW格式我们也可以进行接片，只是运行速度会比较慢。转换成JPG格式后的三张照片名称可以按顺序命名为：01.jpg、02.jpg和03.jpg。

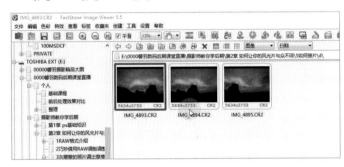

图3-10-1　三张接片素材照片

这三张照片接完之后是要呈现宽幅的效果，我们怎么去修饰？后期怎么调整？这将在后面分别讲解，这是一系列的综合范例中的第一个教程。下面我们开始进行操作。执行"文件"—"自动"—"Photomerge"命令，打开Photomerge对话框，如图3-10-2所示。

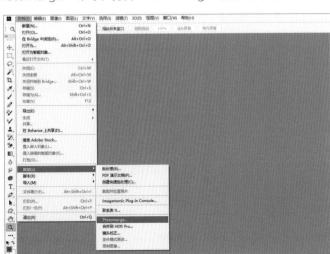

图3-10-2　打开Photo-merge对话框

打开Photomerge对话框后，可以看到左侧有6个图标，分别是自动、透视、圆柱、球面、拼贴、调整位置。它们的功能分别是什么呢？让我们单击"浏览"按钮，打开刚才转换的3个需要接片的文件，如图3-10-3所示。

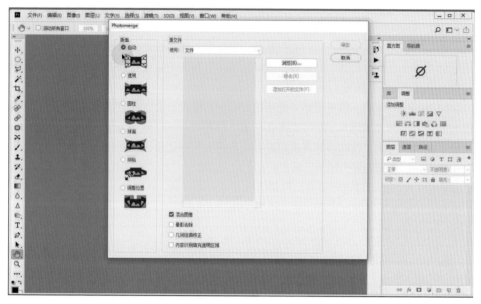

图3-10-3　6种接片模式

在选择3张照片的时候有一个技巧，单击第一张照片之后，按住键盘上的Shift键，然后单击第3张照片（如图3-10-4所示），这3张照片就可以同时被选择，再单击"确定"按钮，3张照片就被载入进来。有时可能是5张、8张或者更多照片，也是用这种方法同时把它们载入。在Photomerge面板里选择自动，其他参数就不用动了，然后单击"确定"看一下效果。自动命令，就是可以自动地处理文件，通过该命令，Photomerge可以把多张照片自动拼接为一张，自动命令菜单下还包括HDR的自动合成等，后面都会讲到。

图3-10-4　同时载入
3张照片

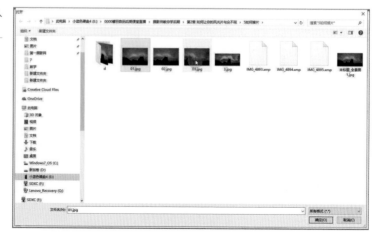

因为我们在前期把大文件缩小了，所以这个接片过程还是比较快的。现在计算机显示的是自动进行的接片效果。如果文件非常大，而前期的工作又没做好，后期调整起来会非常麻烦，而且会失真。Photomerge的自动命令通过软件的自动识别，经图层和蒙版的一系列过程自动合成，接片很方便，而且天衣无缝，中间的缝隙基本上看不出来，如图3-10-5、图3-10-6所示。

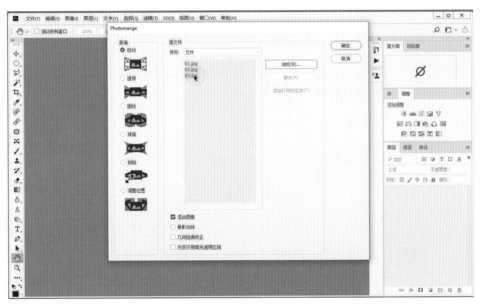

图3-10-5　选择自动接片

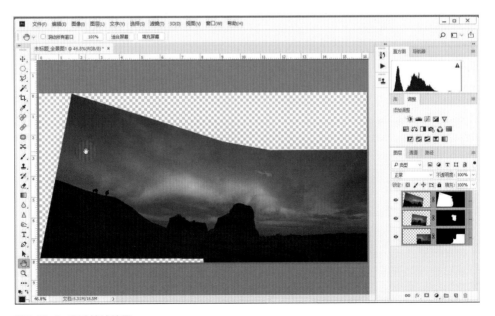

图3-10-6　自动接片效果

做好接片的前提条件是什么？前提条件是拍摄的过程中3张照片的曝光要保持一致。不能说一张曝光过度，一张曝光不足，或者每张照片天空的曝光是不均衡的，否则这样后期接出来的照片调整起来会非常麻烦！大家前期拍摄的时候一定要注意这个问题。

上面是自动接片的一般流程，我们再来试试其他的几个命令。同样执行文件自动接片命令，在对话框里有透视、圆柱球面等选项，这是对拍摄的不同场景有针对性地选择使用的，我们可以选择一下测试效果。

同样的方法，单击第一个文件，按住键盘上的Shift键，然后单击最后一个文件，将其全部选择。进入到面板后，选择"调整位置"接片方式，在接片的过程中，系统会自动识别它的位置高低进行微调。确定后照片很快接好，相对第一个自动选项来说，这个选项对位置进行了调整，效果更好，如图3-10-7所示。

图3-10-7 调整位置命令的接片效果

现在接出来的这张照片相对来说还是比较成功的，照片四周的边缘略有残缺，可以通过裁切的方式把多余部分裁切掉，完成的最终效果如图3-10-8所示。

图3-10-8 裁去白边后效果

如果漏掉了很重要的东西，比如一些非常重要的前景或是物体等很重要的元素，该如何去修复呢？

可以把3个图层进行合并，然后在工具箱中选择仿制图章工具，单击鼠标右键调整它的大小，放大照片进行取样。在前面的基础调整里介绍过修复工具的一些用法。选择仿制图章工具后，按下键盘上的Alt键进行取样，取样之后慢慢地进行涂抹，修复残缺的部分，如图3-10-9、图3-10-10和图3-10-11所示。

图3-10-9　仿制图章取样

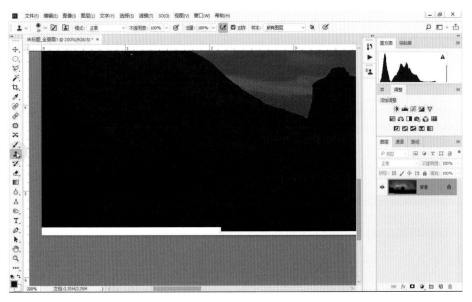

图3-10-10　仿制图章修复

图3-10-11　修复后的效果

　　大家可以记下这两个方法。第一个方法是当无关紧要的部分遗漏，可以通过裁切的方式，得到最终的接片效果。第二个方法就是当感觉比较重要的部分遗漏，可以通过仿制图章工具进行取样修复。在修复的过程中要注意一个问题，就是要首先把图层进行合并，否则的话你没办法操作。

　　下一步我们怎么美化它？现在照片看起来还是有些发灰，该怎么去调整？前面已经介绍过，可以在图层中通过用色阶或曲线来调整，要么就是在Camera Raw中进行调整。

图3-10-12　执行"Camera Raw滤镜"命令

下面我们使用最简便的方法，就是利用滤镜菜单里的"Camera Raw滤镜"命令，调用Camera Raw滤镜。在Camera Raw滤镜中可以适当地调整一下对比度，然后把暗部的阴影提出来，提高一些清晰度，目的是为了让画面的层次感更好，如图3-10-12和图3-10-13所示。

图3-10-13　调整清晰度

接着再提高一点自然饱和度，如图3-10-14所示。还可以通过曲线选项再做一些精细微调。完成照片的调整工作后，将文件另存为需要的格式，一般为JPG文件。

图3-10-14　调整自然饱和度

3-11 自动合成HDR

本节介绍HDR照片的合成技巧。在拍摄大光比照片的时候，第一个解决方案是用中灰渐变镜；第二个解决方案是在拍摄的时候采用RAW格式，然后在后期处理时进行调整，这些在前面已经介绍过。

那么第三个方法是什么？那就是我们可以连拍3张不同曝光的照片，第一张可以使中间调曝光正常，层次更多一点，不考虑其他部分；第二张让暗部的曝光正常，天空的曝光稍微过一点也没关系；第三张天空的曝光正常，地面稍微暗一点也没关系。接下来我们对这3张照片取其所长，把3张照片合成到一块，各个调子的层次就都丰满起来了。

现在演示一下使用3张照片如何合成HDR。执行"文件"—"自动"—"合并到HDR Pro"命令。这个命令和前面所学的接片是差不多的，它属于全自动，系统会自动识别，然后自动合成，大大减轻了用户手动操作的工作量，如图3-11-1所示。

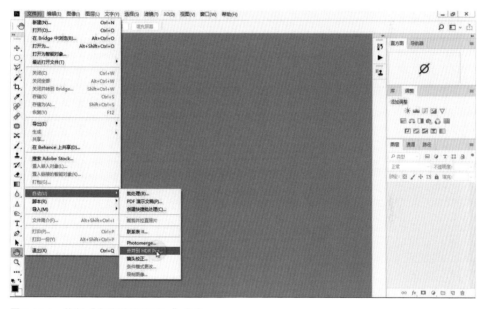

图3-11-1　执行"合并到HDR Pro"命令

如果拍摄了很多这种曝光量不同的成组照片，可以通过自动合成来提高效率，非常方便。在HDR对话框中，需要在一组照片中选择两个或两个以上的文件进行合并，创建高动态范围图像，这个方法针对大光比的照片特别有效。

在合并到HDR Pro对话框中单击浏览图标，在弹出的对话框中选择准备好的3张不同曝光程度的照片。按住键盘上的Ctrl键，将3张照片同时选择。单击"确定"后打开HDR Pro对话框并勾选"尝试自动对齐源图像"，然后单击"确定"按钮。系统便开始自动识别3张照片的动态范围，自动对齐并自动识别每一张照片不同的曝光程度，然后进行合成，如图3-11-2、图3-11-3和图3-11-4所示。

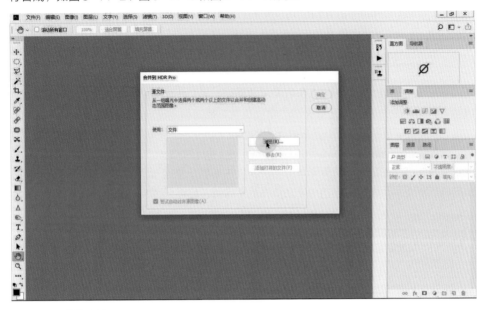

图3-11-2　浏览文件

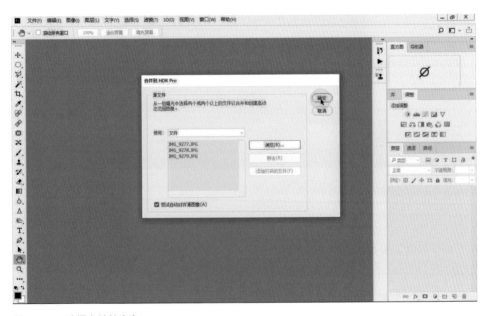

图3-11-3　选择文件并确定

图3-11-4　合并到HDR Pro对话框

　　如果在合并后的预览时看到各个部分（如天空和地面）的层次和细节都非常好，那么无需再做微调，可以直接单击"确定"存盘，如图3-11-5所示。

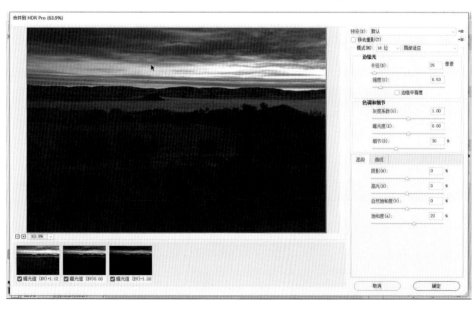

图3-11-5　默认效果

预设下拉列表中有很多自带的预设效果，例如城市暮光、平滑、单色、高对比度、超现实等，可以轻松套用，颇具创意，如图3-11-6所示。但是一般情况下，默认的效果就已经很好了。

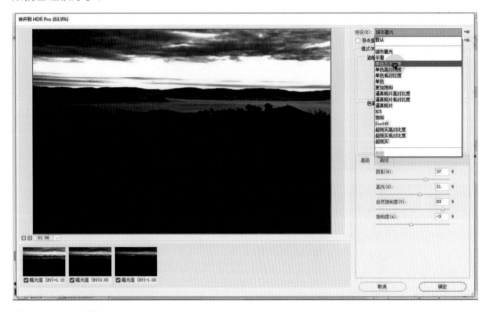

图3-11-6　预设效果

如果想增加暗部层次，可以在高级选项中微调阴影，如图3-11-7所示。但要注意，如果调过了的话，最暗的细节就变成灰蒙蒙的了，所以要把握好调整分寸。

图3-11-7　高级选项

再来看高光，对它的调整可以影响到天空的层次。可以适当调整一点自然饱和度，胆子可以略大。自然饱和度会自动识别原来非常饱和的地方，调整幅度大一点也不至于改变整个画面的饱和度，而饱和度选项则需要非常谨慎，如图3-11-8所示。

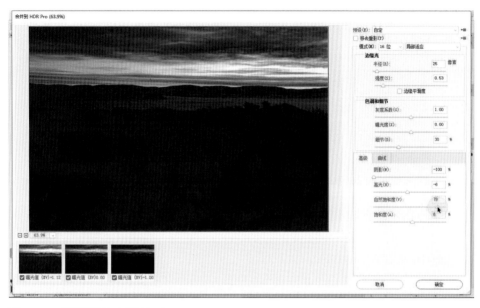

图3-11-8　调整高光和自然饱和度

利用曲线选项，对整体或局部进行精准调整，如图3-11-9所示。

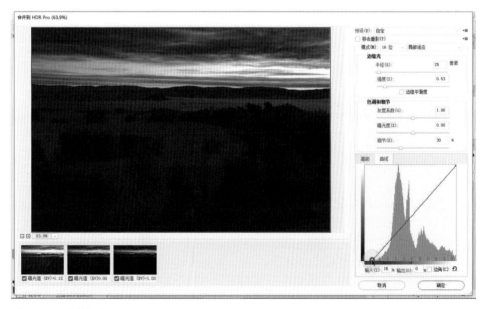

图3-11-9　曲线调整

色调和细节选项也特别好用，可以对灰度系数、曝光度和细节清晰度进行快速调整，如图3-11-10所示，这和Camera Raw中的用法是一致的。

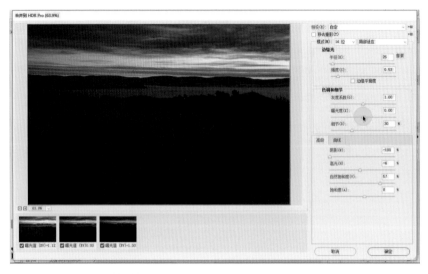

图3-11-10　色调和细节调整

随着Photoshop版本的不断升级换代，现在越来越智能化了，很多原来复杂的操作现在已变得越来越轻松，效果也越来越好。以往传统的拍照方法，通常依赖在镜头前增加滤镜来获得高动态范围的照片，附加镜的携带还是有所不便。现在使用多张照片来自动合成HDR照片，是获得高动态范围照片更为简便的方法。调整完毕，将合成的HDR文件及时保存，如图3-11-11所示。

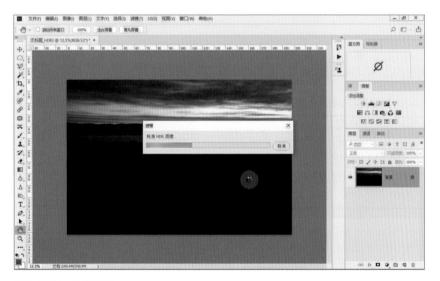

图3-11-11　确定存储

3-12 我也会合成星轨了

本节介绍如何合成星轨。首先看一个效果图，如图3-12-1所示，这是合成后的效果。如果要做出比较理想的星轨效果，使星星的轨迹形成一个整圆，需要很多照片。

图3-12-1 星轨
合成后的效果

现在挑选一些关键帧进行演示。为了提高演示速度，我把照片进行了缩小，如图3-12-2所示。因为现在数码相机像素都非常高，原始照片的尺寸都非常大。

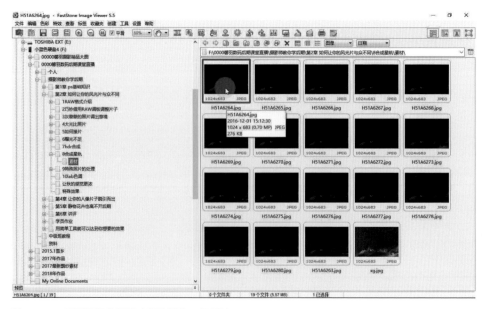

图3-12-2 利用相机的间隔功能拍摄的一组照片

打开Photoshop，执行"文件"—"脚本"—"将文件载入堆栈"命令，打开"载入图层"对话框。在对话框中单击"浏览"，在打开的对话框中选择第一张照片，然后按住键盘上的Shift键，单击最后一张照片，将照片全部选中，如图3-12-3所示。勾选对话框左下方的"载入图层后创建智能对象"复选框，单击"确定"按钮。然后需要几分钟的等待，如果使用原片，时间可能会更长，这和计算机的配置有关。

图3-12-3　选择照片文件

　　软件自动执行后，最终呈现一个智能对象图层。现在并没有将星轨进行合成，而是形成了一个智能对象，这是很关键的一步，如图3-12-4所示。

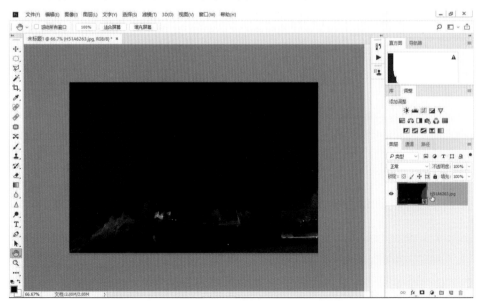

图3-12-4　创建智能对象

第 3 章　如何让你的风光片与众不同 ｜ **233**

执行"图层"—"智能对象"—"堆栈模式"—"最大值"命令，星轨会自动合成，如图3-12-5所示。

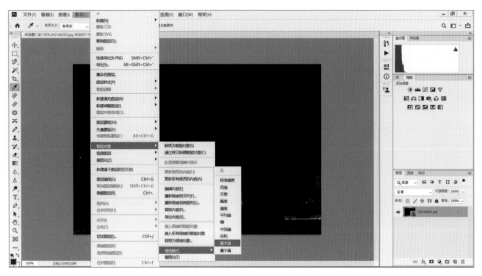

图3-12-5 执行"最大值"命令

合成之后，我们要对照片进行一些基本的调整。比如照片位于暗部的村庄稍微有些暗，可以对其进行适当调整，此时的调整仍然可以选择"Camera Raw滤镜"进行。我们先选择了阴影选项调整暗部，但是效果并不是很明显。此时可以将曝光选项稍微增加，就会发现远山和村庄慢慢清晰并呈现在我们眼前。清晰度和自然饱和度也要调整一下，让层次更加丰富。具体如图3-12-6和图3-12-7所示。

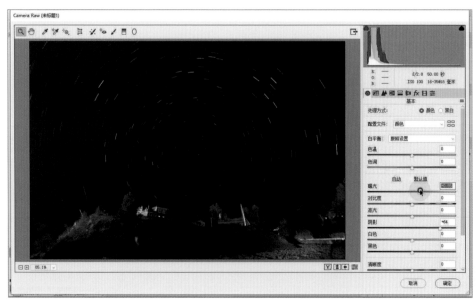

图3-12-6 调整曝光和阴影

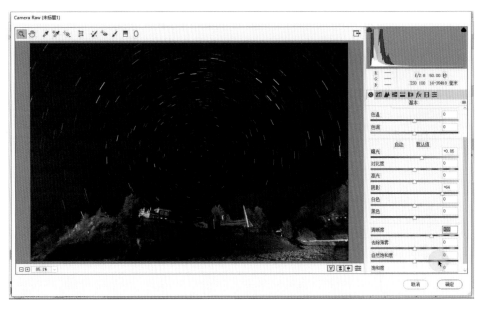

图3-12-7　调整清晰度和自然饱和度

到曲线选项看一下，发现亮部的细节稍微有点少，如图3-12-8所示。那就补一下缺失，但是不能补太多。回到基本调整，压一下高光，因为高光处的细节不是特别多，如图3-12-9所示。另外就是色温的调整，左边是冷色调，右边是暖色调，可根据自己的需要去调整，比如说，我想呈现一种暖暖的色调，就适当增加色温参数值。

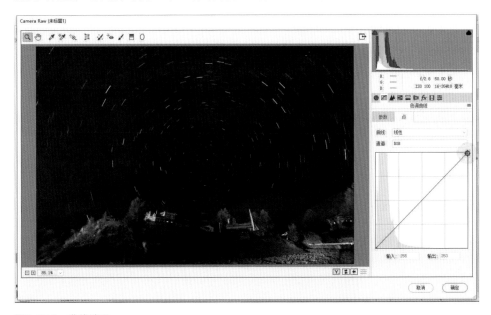

图3-12-8　曲线选项

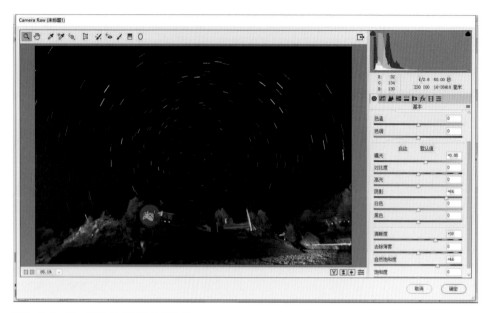

图3-12-9　看一下降低高光数值的效果

　　将色温滑块向左侧滑动将获得比较偏冷的色调，向右调则偏暖，如图3-12-10所示。再根据自己的需要将对比度加强一点，如图3-12-11所示。经过这些调整之后，画面暗部的层次色彩就出来了，但是经过清晰度的调整之后，放大时会看到一些噪点，可能需要做降噪处理。在细节（第3个图标）选项里，可以调整颜色参数值进行降噪处理，如图3-12-12所示。

图3-12-10　色温调整

图 3-12-11　加强对比度

图 3-12-12　降噪处理

　　调整后感觉蓝色还不是特别蓝，可以在 HSL 调整（第四个图标）的饱和度选项卡中，对蓝色进行单独调整，还可以再对绿色的饱和度单独调整，稍微加一点黄色，让色彩看起来更丰富，这些完全根据自己的需要，如图 3-12-13 所示。

图3-12-13　单独调整色彩

如果觉得是晚上色调应该比较冷，可以把色温滑块调整到左侧，现在因为是暖暖的光源所以色温滑块比较靠右，调整完成后注意及时储存，如图3-12-14所示。

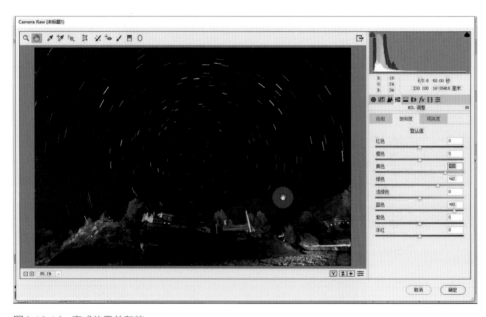

图3-12-14　完成效果并存储

CHAPTER 4 | 第4章

4

让你的人像作品脱颖而出

4-1　快速去除面部斑点瑕疵

本节介绍如何快速去掉人物面部的斑点瑕疵。首先打开素材文件，将照片做局部放大，放大之后会发现人物面部有一些斑点和瑕疵，如图4-1-1所示。我们需要先把这些斑点瑕疵去除掉才能进行磨皮。有些读者在处理人像时打开文件就直接磨皮，这种做法是不对的。

图4-1-1　观察和分析照片

利用在前面章节中介绍过的修补工具，对人物脸上的瑕疵进行修补，如图4-1-2所示。

图4-1-2　选择修补工具

前面已经学过这些工具的基本的用法。首先选择污点修复画笔工具，在有斑点的地方进行涂抹或者不断单击鼠标左键，这些斑点就可以被去除掉了。这个方法对于处理比较明显、面积比较小的雀斑还是非常快的，如图4-1-3所示。

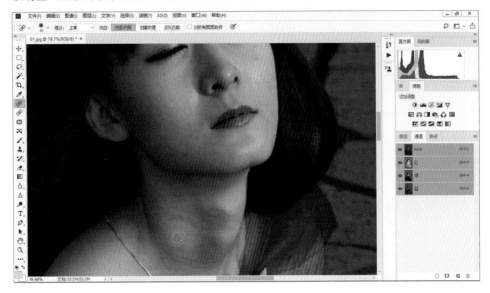

图4-1-3　去除斑点

但是对于较明显的瑕疵，比如说脖子处的皱纹等，这种方式其实并不是很理想。我个人喜欢用修补工具将瑕疵区域（比如说面部的雀斑）圈选之后拖曳到皮肤光洁的地方，用这样的方法去除斑点会非常自然，当然也可以去除皮肤的纹理，如图4-1-4、图4-1-5和图4-1-6所示。

图4-1-4　使用修补工具

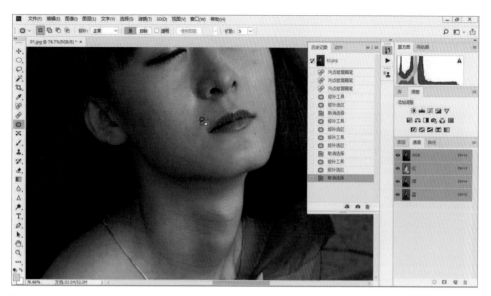

图4-1-5　注意细节

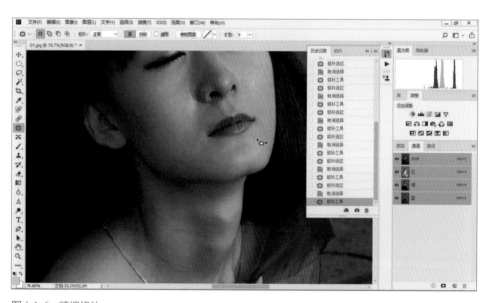

图4-1-6　精细修补

　　我个人比较喜欢用修补工具，操作起来比较方便快捷。另外，在去除的过程中一定要细心。经过处理之后，人物面部看起来就干净多了，如图4-1-7所示。

图 4-1-7　完成效果

4-2 和暗沉皱纹说拜拜

本节介绍磨皮的方法以及如何调整暗淡的肤色。

磨皮的两种常用方法

　　首先打开要处理的照片。这张照片是在逆光下拍摄的，头发光泽及人物的姿态、表情都很不错，但是由于没有做任何补光措施，人物的肤色显得有些暗淡，如图4-2-1所示。那么我们现在对它进行处理。

图4-2-1　原片肤色暗淡

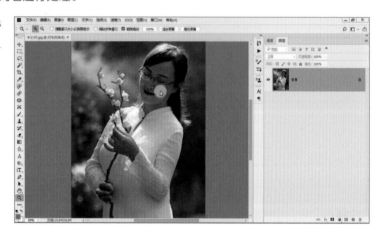

　　首先复制背景图层，在复制图层上进行操作。执行"滤镜"—"Camera Raw滤镜"命令，在Camera Raw中稍微增加一点曝光。增加曝光的时候要注意观察，只要衣服最亮部分还有层次，细节就没有问题，如图4-2-2所示。

图4-2-2　在Camera Raw中加一点曝光

调整曝光之后肤色显得好多了，但是还不够，需要在阴影部分再加亮一点，如图 4-2-3所示。

图4-2-3　阴影加亮

现在回到曲线面板看一下，暗部的信息有点缺失。补完暗部缺失之后，亮部也适当加一点，让画面显得更加通透。现在看起来头发上面最亮的部分稍微有一点曝光过度，所以再压一点高光让细节回来。经过简单处理，现在人物的曝光就好多了，单击"确定"按钮，如图4-2-4所示。

图4-2-4　在曲线面板进行调整

在拍摄逆光照片的时候，如果没有补光措施，可以在后期处理时把曝光补偿适当增加一点，这也是一个小技巧。经过调整之后，人物的肤色显得亮白起来，如图4-2-5所示。

图4-2-5　增加曝光补偿

现在开始去除面部的斑点和皱纹，在磨皮的前期必须要先把脸上比较明显的斑点和纹理去掉，这样磨皮效果才会比较理想。这一步很关键，可以放大进行操作，把面部的一些斑斑点点包括皱纹都去除掉，之后再进行磨皮处理。镜片一些明显的反光，也可以去掉，脸上不均匀的肤色也可以调整一下。经过简单的处理之后，可以看到人物的面部显得干净多了，如前页图4-2-6所示。

图4-2-6　去除斑点

接下来针对人物的皮肤进行磨皮处理。用套索工具对面部做一个大概的圈选，在选项栏中为套索工具设置一个合适的羽化值，如图4-2-7所示。

图4-2-7　提高羽化值并对皮肤做大致圈选

这里只需做一个大概的圈选，不需要特别的精确。圈选后单击"添加到选区"图标继续选择，直到把需要磨皮的部分全部圈选，如图4-2-8所示。

图4-2-8　增加选区

选择完之后，执行"滤镜"Imagenomic"-"Portraiture"命令，这个滤镜是一个磨皮插件（这个插件是外挂插件，需要下载安装），如图4-2-9所示。进入磨皮滤镜后初看很复杂，但是如果关掉下面的两个选项只剩下一个磨皮操作就简单了。来看看前面的这些数值，如图4-2-10所示。

图4-2-9　选择磨皮插件

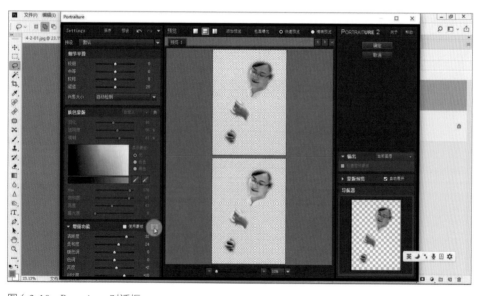

图4-2-10　Portraiture对话框

在预设下拉列表中有"平滑：正常""平滑：中等""平滑：高等"选项而下面的增强功能是改变人物肤色的，要慎重使用。平时用得最多的选项就是"平滑：中等"，就是比"平滑：正常"的效果稍微强一点，如果是"平滑：高"那就是磨皮的程度要更加狠一点。这里设置为中等，之后可以再手动做一些调整，如图4-2-11所示。

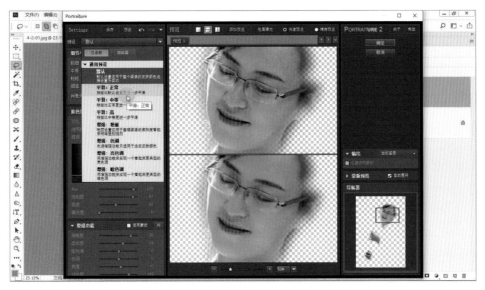

图4-2-11　平滑程度设置为中等

这是磨皮前后的效果对比。现在效果还可以，磨皮不能磨得像瓷娃娃一样，一点层次细节都没有了，要能达到瑕疵消失了但肌肤细节还保留着的程度。单击"确定"按钮后看一下磨皮后的效果，面部的层次还是保留得很好的，如图4-2-12和图4-2-13所示。

图4-2-12　处理前后效果对比

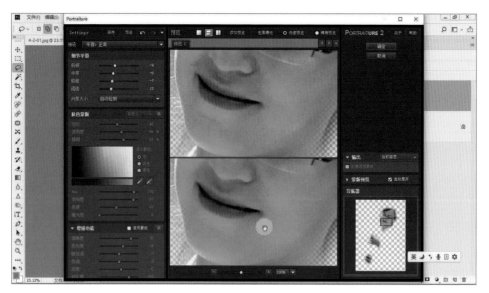

图4-2-13 放大观察

现在这个选区不要取消，继续做面部调整。在图层面板下方单击"创建新的填充或调整图层"图标，在弹出菜单中选择曲线，稍微补一下让皮肤变得更亮一点。这样皮肤就处理完成了，注意及时存储，如图4-2-14所示。

图4-2-14 曲线调整让肤色再亮些

这是磨皮的第一个方法。如果没有安装这个插件怎么办？还有第二个方法，就是不用外挂插件的方法。前期面部斑点皱纹处理后进行简单磨皮，然后在Camera Raw中

通过使用减少杂色命令调整颜色、明亮度来达到磨皮目的，如图4-2-15和图4-2-16
所示。

图4-2-15　减少杂色

图4-2-16　利用蒙版显露出重要细节

如何让肤色变得白里透红

本小节介绍如何处理面部肤色，让肤色变得白里透红。首先打开要处理的照片。我
们先分析一下这张照片，这张照片是在快中午的时候拍下的，有些顶光、有些逆光，在

拍摄的时候没有使用任何补光措施（包括闪光灯和反光板）。所以人物面部的肤色有些暗淡。另外受环境的影响，因为周边绿色植物过多，使人物面部的暗部有一些发黄绿色，如图4-2-17所示。接下来就来处理这个偏暗、偏黄绿色的肤色。

图4-2-17　原始照片肤色偏黄绿

　　首先在工具箱中选择套索工具，然后在选项栏中将羽化值设置为一个合适的值。然后对面部进行大概轮廓的圈选，如图4-2-18和图4-2-19所示。

图4-2-18　选择套索工具

图4-2-19　面部大概圈选

圈选之后来到图层面板，找到图层面板下面的"创建新的填充或调整图层"图标，也就是平时所说的"黑白圈"，在选项里选择曲线，看看曲线面板里直方图右侧是不是有些缺失。首先要补缺失，边调整边看效果，如图4-2-20所示。

图4-2-20　曲线调整

提亮是第一步，第二步是让肤色变得白里透红。首先在RGB里选择蓝色，然后看到右侧有些缺失，稍微补一下蓝光，肤色开始变得白里透红，如图4-2-21所示。

图4-2-21　调整肤色

肤色调整完毕之后，发现由于叶子或环境光的影响导，致面部的暗部还是有些黄绿。现在怎么办？先按键盘上的Ctrl键然后单击图层蒙版缩览图再次圈选面部，如图4-2-22所示。

图4-2-22　再次选择面部

随后在点击"黑白圈"选择色相饱和度。注意不能调全图饱和度，因为降低全图饱和度将是一个除色的过程，如图4-2-23所示。

图4-2-23　不可全图降低饱和度

要选择黄色或绿色对照片进行单独调整。现在选择黄色，降低一点点饱和度，看一下画面是不是好多了。其实面部受到周围绿色植物影响有一点偏绿，肉眼看似是绿色，实际里面黄色的成分占得多，如图4-2-24所示。

图4-2-24　单独降低黄色饱和度

我们继续进行调整，选择绿色，降低绿色饱和度，经过调整面部色彩已经好多了，效果如图4-2-25所示。

图4-2-25 绿色微调

暗淡的肤色经过校正之后变得白里透红，整个人也显得有精神了，如图4-2-26所示。

图4-2-26 完成效果

4-3 大盘子脸快速变成网红脸

本节介绍如何快速地瘦脸、瘦身。首先打开要处理的照片，这张照片人物整体显得有些胖，所以要对人物进行瘦身美化，如图4-3-1所示。

图4-3-1　原始照片

主要用到的工具是滤镜菜单中的液化工具。首先打开液化滤镜，对人物的身体部分进行瘦身。第一个工具是向前变形工具，这个工具是平时用得比较多的瘦身工具。右侧调整选项中可以设置这个画笔工具的大小以及压力和浓度，如图4-3-2所示。

图4-3-2　在液化滤镜对话框中调整画笔参数

我们一般根据需要来调整画笔大小。在瘦身的过程中，不建议大家把画笔调得非常小。这样的话第一不太容易把握，第二容易使整个身体变形，所以说用大一点的画笔，如图4-3-3所示。

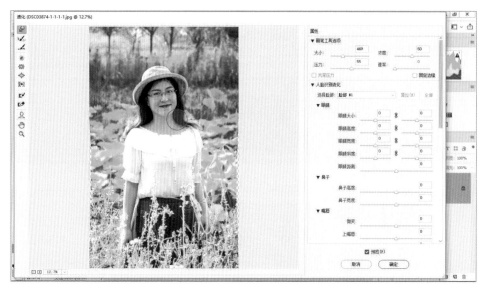

图4-3-3　起初可用大点的画笔

从两边往里推，这样可以起到明显的瘦身作用，至于细节比如说肩膀或者某一个细小的部分（例如脖子），可以稍微调整画笔大小，往里推。在调整的过程中要不断地调整画笔大小以及观察画面效果。虽然是瘦身但是也不能调得太过，调得太过会让人看起来非常假，如图4-3-4、图4-3-5、图4-3-6和图4-3-7所示。

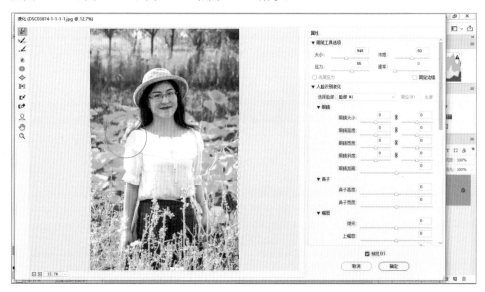

图4-3-4　整体调整

图4-3-5 先用
大画笔

图4-3-6 再用
小画笔

图4-3-7 细节
微调

　　预览看一下，整个身体看起来瘦多了。下面开始瘦脸。在Photoshop最初的版本中是没有针对面部的调整工具，现在随着软件升级有一个专门针对面部的调整工具，即液化里面的"面部工具"。"面部工具"非常方便，很智能，可以快速识别面部，如图4-3-8所示。

图4-3-8　面部工具

选择面部后，将鼠标指针放在上面看一下，五官部分会有一个像路径一样的显示，相当于是做了一个智能的圈选，如图4-3-9所示。

图4-3-9　面部被选中后

现在来看右侧。有一个人脸识别液化选项，比如想调整眼睛的大小，可以左右眼链接起来调整，也可以分开调整，还可以调整眼睛的高度、宽度、斜度和眼睛距离，如图4-3-10所示。

图4-3-10　眼睛调整

　　继续调整鼻子的高度和宽度，可以把鼻子调得适当窄一点。再调整人物的面部宽度，先两侧大体调整，然后再局部调整调出尖下巴，将"下巴高度"参数适当调小一点，让脸部变小。把前额调整一下，将它缩小。嘴巴也可以调整一下微笑的程度，上下嘴唇的厚度、宽度、高度都可以做调整。现在，面部基本上调整完成，如图4-3-11所示。

图4-3-11　鼻子和面部其他部分调整

也可以各个部分单独的进行缩小，但是调整不能太过，否则就显得有些假了。调整过后看一下，可以发现人物眼睛变大了，整个脸变小了，如图4-3-12所示。

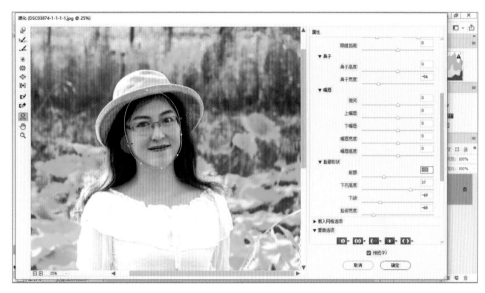

图4-3-12　进一步调整

看一下整体效果，调整后至少瘦了20斤！这个工具非常方便，平时做瘦身处理的时候可以使用，点击"确定"按钮后存储。大家会发现，经过处理后边缘可能会有些缺失，这时可以用仿制图章工具补一下，如果没有缺失特别重要的内容也可以直接进行裁切，裁切完后另存文件。这是液化工具快速瘦身的具体范例，完成效果如图4-3-13所示。

图4-3-13　完成效果

4-4 让画面只保留一种颜色

本节介绍如何让画面只保留一种颜色，也就是说，原始的照片是一张彩色照片，经过处理画面只保留一种颜色，画面显得更纯粹、更简洁了。

打开Photoshop，打开素材文件。在图层面板下方，找到这个"黑白圈"图标——"创建新的填充或调整图层"图标。这个名字比较长，我一般叫它"黑白圈"，这样好记。使用它可以调整照片整体的明暗和对比度，包括色彩、饱和度、色彩平衡、黑白等一些摄影人经常用到的功能，如图4-4-1和图4-4-2所示。

图4-4-1　素材照片

图4-4-2　新建色相/饱和度调整图层

先来分析一下这张照片。这张照片的色彩比较丰富，有红色、蓝色、紫色、黄色、以及绿色等，我们现在只保留红色，把其他颜色的饱和度降低就可以了，如图4-4-3所示。

图4-4-3　分析照片

在色相/饱和度面板中，有一个预设下拉列表，里面有很多颜色可以选择，包括黄色、绿色、青色、蓝色、洋红等，如图4-4-4所示。一般情况下默认选择全图，这样在操作时降低饱和度的话整个画面的饱和度都会降低。

图4-4-4　预设下拉列表

那么如果选择降低了红色之外的其他颜色的饱和度的话，会出现什么情况？一起来看一下。首先降低黄色饱和度，然后依次是绿色、青色、蓝色和洋红，现在可以看到画面中的红色是没有任何变化的，如图4-4-5和图4-4-6所示。

图4-4-5　选择除红色外的其他颜色

图4-4-6　分别降低各颜色的饱和度

由于没有改变红色的饱和度，画面中便只保留了红色，如图4-4-7所示。这是一种特殊效果，简洁而纯粹。完成后要注意及时存盘。

图4-4-7　完成效果

4-5　调整人像全过程

本节介绍人像调整的整个过程。打开需要处理的照片。这张照片因为是在树影下拍摄的，并且没有用反光板，所以虽然人物的神态很好但面部显得有些暗，整个调子有些沉闷，如图4-5-1所示。

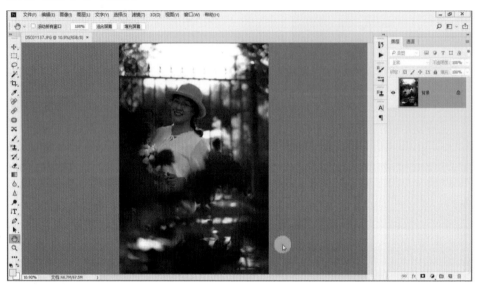

图4-5-1　原始照片较为暗淡沉闷

现在到Camera Raw里进行一个简单的明暗度调整。调整之前先复制背景图层，如图4-5-2所示。

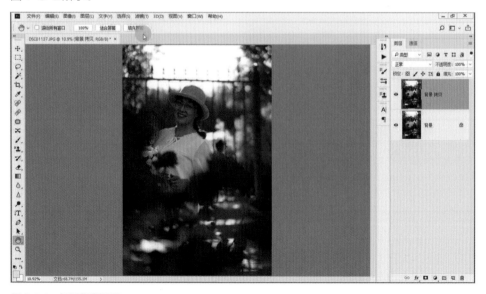

图4-5-2　复制背景图层

执行"滤镜"—"Camera Raw滤镜"命令，打开窗口后我们进行曝光度的调整。调整的时候同时观察画面是否曝光过度，如图4-5-3所示。

图4-5-3　进入Camera Raw调整曝光

白衣服是画面中最亮的部分，看看它的细节有没有丢失，如果没有，就不算曝光过度。照片中的白色衣服部分还有一些细节，那么将自然饱和度稍微加一点点。看一下曲线，基本上曝光已经正常了，如图4-5-4所示。

图4-5-4　曲线调整

暗部可以稍微加一点点阴影，注意不要太过，太过的话高光部分就没有层次了，如图4-5-5所示。

图4-5-5　阴影加亮一点

调整完后观察一下调整前后的效果，如图4-5-6所示。调整前先复制背景图层是为了不破坏下面的背景图层，如果这次调整不好，还可以删除重来。

图4-5-6　对比处理前后效果

局部放大会发现人物脸上有皱纹、法令纹、眼袋、斑点等瑕疵，在做磨皮处理之前需要先把这些瑕疵去除。前面的范例已经简单介绍过去除的方法，现在我们开始处理瑕疵部分。需要用到的是修补工具，我个人比较喜欢用这个工具，操作起来比较方便。将有斑点的地方拖曳到没有斑点的地方，使其快速与周围其他部分融合，如图4-5-7所示。

图4-5-7　放大去除斑点皱纹

这里不要偷懒，要一点一点地做，法令纹也要消除。在人像精修这一块，一定不能着急，要放大照片慢慢调整，一点一点把脸上的斑点、皱纹、法令纹等修干净之后再进行磨皮。脖子上面、手上面也需要修复干净，如图4-5-8、图4-5-9和图4-5-10所示。

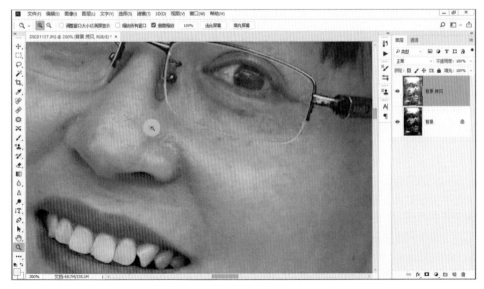

图4-5-8　精细修复

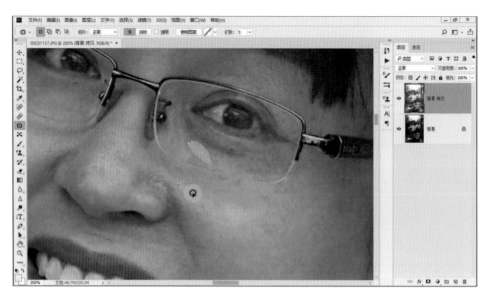

图4-5-9 面部精修

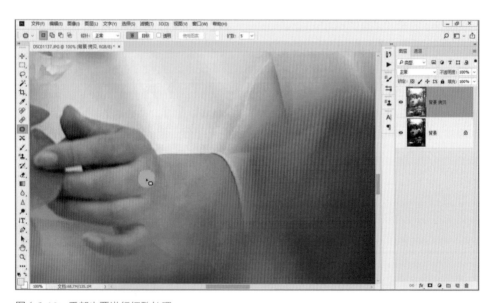

图4-5-10 手部也要进行细致处理

在做磨皮处理的时候，依旧是先创建一个大概的选区。先设置合适的羽化值，用套索工具在面部包括脖子进行一个大概的圈选，在选项栏里选中"添加到选区"图标，将面部、脖子和手全部进行选择，如图4-5-11所示。

图4-5-11　圈选面部和手部

选择之后通过磨皮滤镜进行磨皮处理。在菜单"滤镜"—"Imagenomic"中打开插件Portraiture。这个滤镜我们不再多说，中间部分是预览，一般可选择按上下排布的方式进行预览，可以显示磨皮前和磨皮后的效果，如图4-5-12所示。

图4-5-12　Portraiture滤镜的磨皮预览

磨皮的时候，有一个默认选项——平滑。平滑的程度可以根据自己的需要选择稍微高一点或低一点，但是太高的话会磨掉皮肤的纹理，就会很假。所以说一定要选择合适的平滑程度，保证皮肤仍有纹理，然后单击"确定"按钮，如图4-5-13所示。

图4-5-13　磨皮效果

　　磨皮成功之后，可以看一下效果，然后按Ctrl+D组合键取消选区，整个磨皮就完成了。细节的部分，比如说眼角的黑色、法令纹等刚才没有处理干净的地方，可以再进行一些微调，如图4-5-14所示。

图4-5-14　细节微调

　　接下来进入液化滤镜，把面部稍微调整一下。先调一下眼睛，选眼部工具，眼睛稍微显得有些小，我们可以稍微调大一点，注意左侧和右侧大小要差不多，并且保持两只眼睛均衡，如图4-5-15所示。

图 4-5-15　眼部调整

　　接下来调整面部的其他部分，要根据面部的大小宽窄来调整嘴巴，将面部调小一点窄一点，同时向上调整一下，现在大脸变小脸了。然后将嘴巴缩小一点，高度调一下，调整上下嘴唇，微调微笑的弧度，鼻子的宽度变窄一点，如图4-5-16所示。

图 4-5-16　调整脸部形状、鼻子和嘴巴

　　大家可以根据自己的需要再做一些微调，但是别调太多，因为调多了之后整个人就不再像本人了，如图4-5-17所示。

图4-5-17　进一步微调

现在选择向前变形工具，再做一些其他调整。调整一下脖子，因为脖子显得粗了，和头部不太相符。肩膀也要做一些微调，调整时可以使用左侧的蒙版冻结工具将后边的栏杆冻结起来，否则它也会随着操作变形。将其冻结了就可以大胆地进行调整，即使稍微有点小变形也没事，如图4-5-18所示。

图4-5-18　用变形工具推脖子

接下来手指也调整一下，如图4-5-19所示。现在缩小照片看看效果，整个人瘦了不少，确定之后回到Photoshop的标准界面，把人物面部再稍微调亮一点。

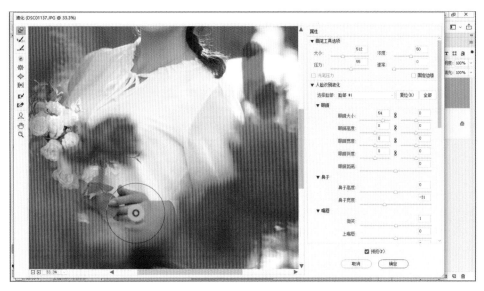

图4-5-19 调整手指

用套索工具，在选项栏设置羽化值为30，圈选人物面部，然后在图层面板下方单击"创建新的填充或调整图层"图标，在弹出的菜单中选择"曲线"，打开曲线调整图层面板，如图4-5-20所示。

图4-5-20 增加曲线调整图层调整肤色

利用曲线面板将人物肤色变得亮一点、白一点，如果想白里透红的话，可以再往蓝通道稍微加一点点蓝。注意也要同时把手变得稍微白一点，可以借助这个曲线调整图层，设置白色后用画笔工具在手上进行涂抹。经过上述的调整后，肤色变得白里透红了，如图4-5-21所示。

图4-5-21　在蒙版上用白色涂抹手部

再来加强眼神，用加深工具加深瞳孔，用减淡工具微微加亮一点眼白，这样眼睛看起来更透澈，如图4-5-22所示。

图4-5-22　加强眼神

接下来是牙齿的修饰。牙齿稍微显得有点黄，要把它去黄。全选牙齿，因为牙齿的范围比较小，所以将羽化值设置得小一点，比如说3或5都可以，做一个大概的圈选，如图4-5-23所示。建立一个色相饱和度调整图层，打开之后选择"黄色"专门褪黄，褪黄后牙齿就白净多了，如图4-5-24所示。

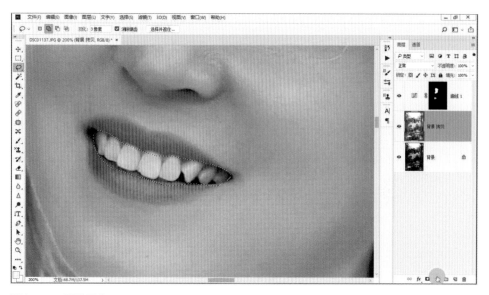

图4-5-23　圈选牙齿

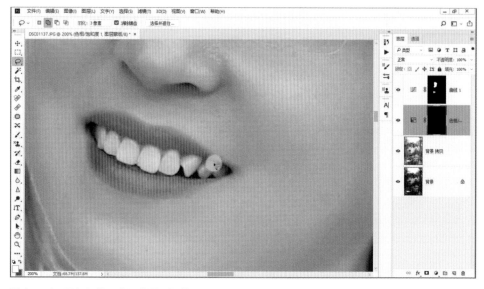

图4-5-24　用色相饱和度调整图层褪黄

接着可以再进行一些微调，比如说脖子这个位置看起来还是不太舒服，可以选择修复工具，进行一些微调；感觉哪个地方不合适、过渡不自然的话，也可以用模糊工具进行调整以使过渡更自然，如图4-5-25和图4-5-26所示。

图4-5-25　微调

图4-5-26　融合

整体看一下，脸的下部还是有点胖，可以用液化工具再次修饰。将画面放大，用向前变形工具，压力适当调小一点点，微微地进行调整，完成后单击"确定"按钮并及时存盘，如图4-5-27所示。

图4-5-27　瘦脸并完成制作

5

静物、花卉照片也离不开后期处理

5-1 二次曝光效果

本节介绍如何制作二次曝光效果。二次曝光可以用来营造很梦幻的蒙太奇的风格，给人以新奇别致的感受。数码时代，有些相机可以在机身上实现二次曝光功能，但是也有些相机不提供二次曝光功能。如果您的相机没有这个功能也不要紧，我们可以利用后期技巧来轻松模拟。

这是经过二次曝光处理后的三个范例效果，如图5-1-1、图5-1-2、图5-1-3所示。接下来逐一做详细的介绍。

图5-1-1　案例效果1　　　　图5-1-2　案例效果2　　　　图5-1-3　案例效果3

首先打开要处理的照片，复制背景图层，并设置图层混合模式为变亮，如图5-1-4所示。

接下来在复制的图层上执行"滤镜"—"模糊"—"动感模糊"命令，在弹出的动感模

图5-1-4　复制背景图层，设置图层混合模式为变亮

糊对话框中，适当地调整角度值让它略微倾斜一点，调整的过程中要不断观察画面的效果，调整到合适的参数之后，单击"确定"按钮。二次曝光效果制作完成，如图5-1-5所示。

图5-1-5　动感模糊

步骤很简单，那么实现它的原理是什么呢？这就像拍摄了两张照片，其中一张对焦是清晰的；另一张则采用了慢速拍摄，降低了快门速度，并使相机进行斜向的晃动，然后把两张照片叠加在一起，我们现在模拟的就是这种效果。

这是第一种二次曝光效果，为了方便记忆，调整完成后在图层面板中双击图层缩览图把它改名为：动感模糊，如图5-1-6所示。

图5-1-6　效果1

现来来做第二种二次曝光的模拟效果。复制背景图层，并将图层的混合模式设置为变亮，在复制的图层上执行"滤镜"—"模糊"—"高斯模糊"命令，如图5-1-7所示。

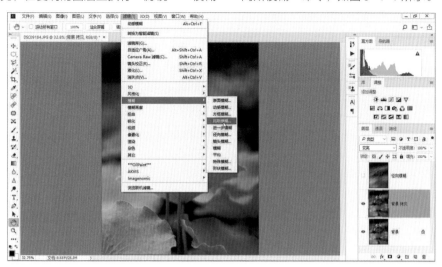

图5-1-7　复制背景图层，施加高斯模糊命令

处理后画面产生了朦胧的效果，同样，在图层面板中双击图层缩览图把它改名为高斯模糊，如图5-1-8所示。

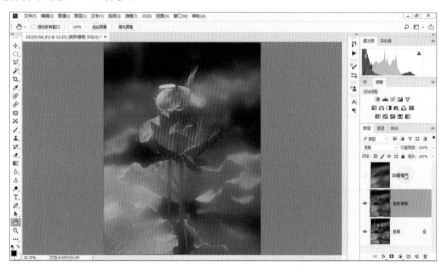

图5-1-8　效果2

高斯模糊是一种失焦效果，在具体拍摄的过程中可以通过如下步骤来实现：首先拍一张清晰的照片，拍摄第二张时可以让焦点前移，不要对到主体上，制造出一种模糊的脱焦效果。将这样的两张照片叠加，就会得到独特的二次曝光效果。我们现在正是对这种效果的模拟。

对当前复制的图层施加高斯模糊命令后，发现因和主体颜色太接近而影响了主体，为了让效果更好，看起来更舒服一点，按键盘上的Ctrl+T组合键，适当地将照片放大，在放在放大的过程中，可以按住键盘的Shift键按比例缩放，放大后就完成了类似雨中梦幻的朦胧特效，如图5-1-9所示。

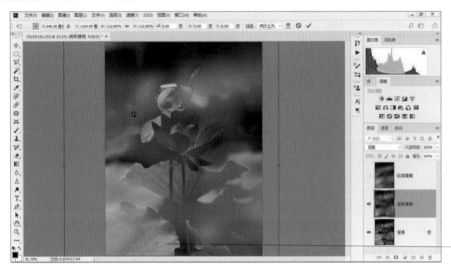

图5-1-9　按比例缩放

再来制作第三种效果，用同样的方法复制背景图层，依旧将图层混合模式设置为变亮，操作步骤和前面两个是一样的，区别就是采用了不同的滤镜。现在我们要做一个二次曝光的变焦效果。

执行"滤镜"—"模糊"—"径向模糊"命令，在打开的对话框中设置模糊方法为缩放。将数量设置为最大值，缩放之后就是放射性的效果，然后单击"确定"按钮，如图5-1-10所示。

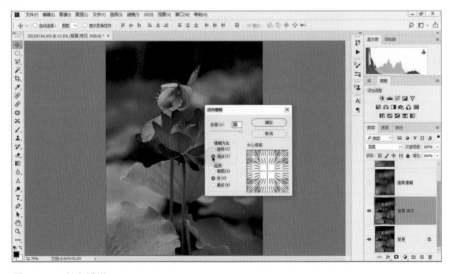

图5-1-10　径向模糊

确定后，为了让效果更明显，依旧按键盘的Ctrl+T组合键进行放大。这样制作的效果类似于在拍摄照片过程中，先拍一张清晰的照片，第二张照片利用变焦，慢速拍出，叠加合成后形成放射性特效。为了方便记忆，在图层面板中双击图层缩览图把它改名为：径向模糊，如图5-1-11所示。

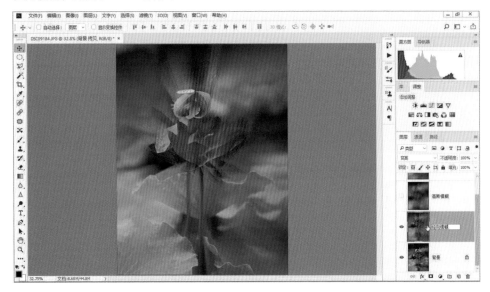

图5-1-11　效果3

这几种效果在实际应用过程中可以根据自己的喜好来选择，根据笔者的经验，最常用的可能就是高斯模糊了。

5-2 善用素材

本节介绍如何善用素材快速制作水滴玻璃的效果。大家都知道，牡丹不太好拍摄，因为牡丹个头比较大，要么就是大头照，要么就是微距花蕊，或者是牡丹单个花瓣的超微距效果，再不然就是放一些烟雾来衬托牡丹花，比如，白色烟雾可以用做白色背景，深色烟雾可以用做黑色背景做各种特效。

现在还有一种制作特效的方法，就是在牡丹花前面的玻璃上喷上水雾来制造梦幻的前景。实际拍摄中也有人会采用这种方法，拿着玻璃，然后喷上水滴，让前景透出牡丹朦朦胧胧的梦幻感觉。

但我们这里讲的是利用素材照片和后期手段来模拟玻璃水滴的梦幻前景效果。这张照片看原片感觉很平淡，因为当时只是拍摄了比较清晰的牡丹大头照，没有做任何的特效，既没有加烟雾，也没有用其他特效比如加上黑背景、白背景、或者是加块玻璃、亦没有采用二次曝光等，就是单纯的牡丹花，如图5-2-1所示。这种花卉照片看起来显得太平淡了，接下来我们试试利用素材，做一个水滴玻璃的前景，来改善平淡的画面。

图5-2-1 原始素材较为平淡

打开玻璃窗水雾素材照片，这张素材照片就像浴室的玻璃，上面有一些水雾，如图5-2-2所示。

图5-2-2 玻璃窗水雾素材

用移动工具将玻璃水雾素材照片拖曳到牡丹素材照片中，然后把玻璃素材照片关闭，如图5-2-3所示。

图5-2-3 在牡丹照片中置入玻璃水雾素材

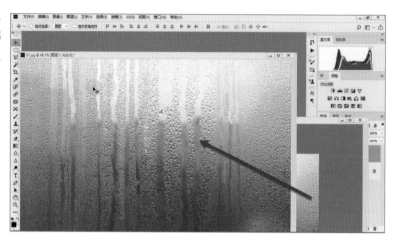

如果大小不合适的话可以调整一下大小。现在把图层的混合模式设置为变亮，发现变亮效果朦朦胧胧的不是特别理想。将图层的混合模式改为柔光效果后，感觉相比变亮好了很多，既不失玻璃水滴的纹理，又能透出朦朦胧胧的花的效果，设置很简单但是很出效果。

所以这个范例我们最终选择了柔光图层混合模式设置，如图5-2-4所示。

图5-2-4 设置柔光图层混合模式

平时在拍摄的过程中可以多积累一些素材，比如说浴室的玻璃、水雾，都可以拍下来；或者将大理石等一些石头的纹理或其他一些特效拍下来，可能某个时间就用上了。

5-3　制作梦幻前景

　　本节介绍如何快速制作前景虚化效果。首先打开牡丹素材照片。这张牡丹照片周边还有一些其他的牡丹，后面的背景也不均匀，画面稍显凌乱，如图5-3-1所示。如果在拍摄牡丹或其他花卉的时候，将一些花卉作为前景，并使前景有朦胧虚化的效果，作为主体的牡丹或其他的花卉从朦胧虚化的前景中透出，画面会很漂亮。

图5-3-1　原始素材照片

　　有些时候我们确实找不到合适的花做前景，而且我们也都知道不能乱折花木，不过也不要太担心，我们还有后期处理大法。在后期制作中，用画笔工具简单地单击几下同样可以营造出前景虚化的效果。

　　首先新建一个透明图层，然后选择"柔边圆"的柔和画笔工具，硬度为0%，适当调整画笔大小使其稍微大一点，不透明度稍微降低一点，但是也不要太低，如图5-3-2所示。

图5-3-2　设置柔和画笔

现在关键的一步是按住键盘上的Alt键，点击画笔工具图标将画笔切换为吸管工具，吸取照片中主体花瓣的颜色，再切换回画笔工具，用画笔在前景上单击，制作出前景朦朦胧胧的虚化花瓣效果，如图5-3-3所示。

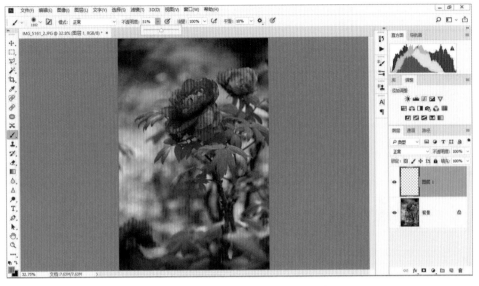

图5-3-3　吸取花瓣颜色在透明层单击

如果感觉颜色太跳，也可以在画面中吸取偏黄色部分，同时将黄色的不透明度再降低一点，制作出朦朦胧胧的前景效果。制作时按住Alt键不断地吸取花瓣上的颜色，模拟前景虚化的效果，用鼠标在相应位置单击就可以了。做的时候注意，不透明度要适当降

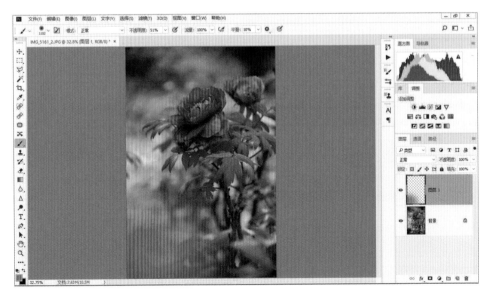

图5-3-4　降低不透明度

低一点，以使画面看起来更自然。这样就制作完成了前景虚化的效果，如图5-3-4、图5-3-5和图5-3-6所示。

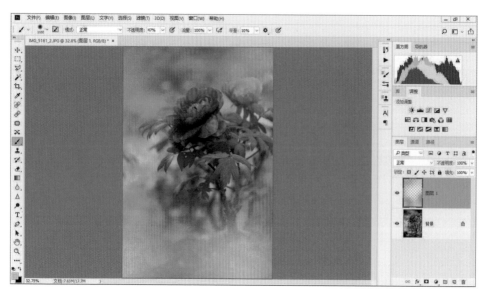

图5-3-5　按住Alt键用吸管吸取周围颜色

图5-3-6　完成效果

　　最后再介绍一个技巧就是降低花卉的色彩饱和度，制作高质量的低饱和度照片。具体步骤如下。

选择背景图层，在图层面板下方"黑白圈"里选择黑白，将花卉的红色调亮一点，绿色稍微压暗一点，黄色不用太暗，如图5-3-7所示。

图5-3-7　增加黑白调整图层

调整完就看到花卉变成了黑白效果，再把不透明度适当降低一点，对比刚才的效果看起来舒服多了，如图5-3-8、图5-3-9和图5-3-10所示。

图5-3-8　调整后效果

图 5-3-9　降低图层不透明度

图 5-3-10　完成效果

　　这就是制作低饱和度照片的技巧，通过这样的处理，结合刚才制作的梦幻前景，整张照片显得虚实得当，画面更简洁了。

出淤泥而不染
濯清涟而不妖

出淤泥而不染
濯清涟而不妖

5-4 水墨荷花

本节介绍如何制作水墨荷花效果。首先打开素材照片，然后对这张照片的背景图层进行复制，并执行"图像"—"调整"—"黑白"命令，把当前图层从彩色变为黑白，如图5-4-1和图5-4-2所示。

图5-4-1 复制背景图层

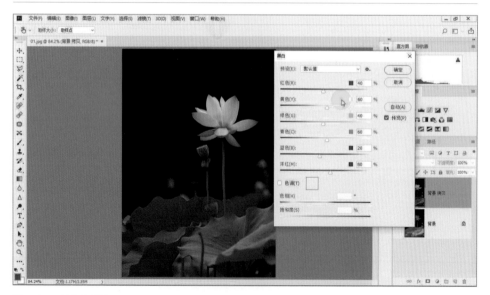

图5-4-2 转换为黑白

这步调整的时候要注意一个问题，就是转换为黑白照片之后，还要对它进行反相处理，让黑色背景变成白色，现在的灰色还有白色的部分反相之后就会变成黑色，也就是说荷叶经过反相之后变成了黑色。

将荷叶里面的绿色、青色的成分调亮一点，调得越亮反相之后越黑，大家要注意这个问题。红色、暗红色部分反相之后也变成了黑色的荷花，但因为黑的程度还没有达到我们想要的效果，所以我们把它再调暗一点。处理完后单击"确定"按钮，如图5-4-3所示。

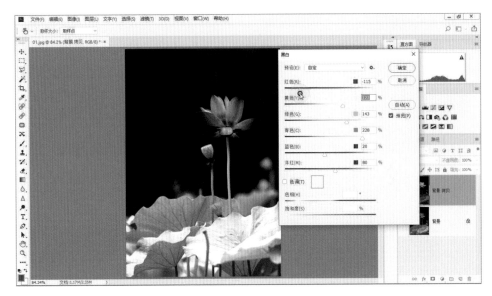

图5-4-3　调整参数突出主体

按键盘上的Ctrl+I组合键进行反相处理，最后得到如图5-4-4所示的效果。

图5-4-4　反相处理

复制黑白图层，然后再复制一次，之后关闭最上面的图层显示，只显示下面的黑白图层，如图5-4-5所示。

图5-4-5　复制黑白图层

现在模拟国画中水墨晕开的效果。执行"滤镜"—"滤镜库"命令，在对话框中找到比较相似的水墨效果——画笔描边选项中的喷溅效果。选择这个效果并观察左侧预览窗，可以看到荷叶的效果与水墨画的感觉很接近，单击"确定"按钮，如图5-4-6所示。

图5-4-6　增加喷溅滤镜

现在整体来说效果还是不错的，但是也存在一些小问题。荷花和荷叶的轮廓没有了，可以考虑处理成大写意风格的国画，就是让轮廓半显半隐，产生局部勾勒的效果。具体步骤是利用刚才的复制图层，将图层的混合模式设置为深色，这时荷叶的边缘产生了隐约的轮廓线，包括荷花也有轮廓线显现，如图5-4-7所示。

图5-4-7　设置图层混合模式为深色

现在的荷叶经过深色叠加后效果还不是特别明显，可以添加一个图层蒙版再进行强化。设置前景色为黑色，使用合适的大画笔，透明度适当高一点，在图层上涂几笔让荷叶更加明晰，呈现一种墨晕开了的感觉，如图5-4-8所示。

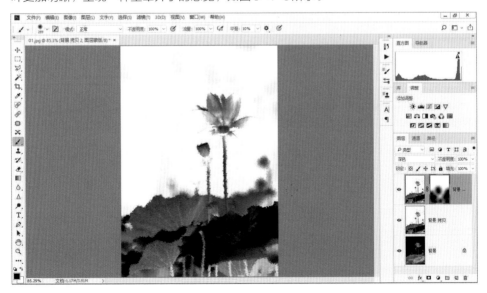

图5-4-8　利用蒙版强化荷叶

还可以给荷花加一点颜色并晕染，会有更好的效果。新建图层，设置前景色为玫红色，设置合适的画笔，不透明度适当降低一点，在图层上面进行一些绘画，图层的混合模式设置为正片叠底，如图5-4-9所示。绘画的时候胆子大一点，不用担心会画坏，因为坏了可以随时按键盘上的Ctrl+Z组合键恢复。

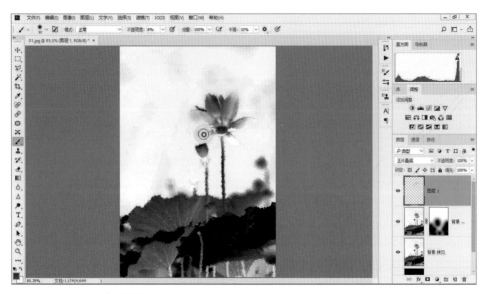

图5-4-9　新建透明层为荷花加色

颜色晕染后，再来模拟宣纸的效果。单击图层下面的调整图层图标，在"黑白圈"找到纯色，设置一个浅黄纸的效果，单击"确定"按钮，如图5-4-10所示。

图5-4-10　增加浅黄调整图层

然后将图层混合模式设置为正片叠底，在纸上再做一些纹理。使用"滤镜"—"滤镜库"命令，将当前图层转化为智能对象，如图5-4-11所示。

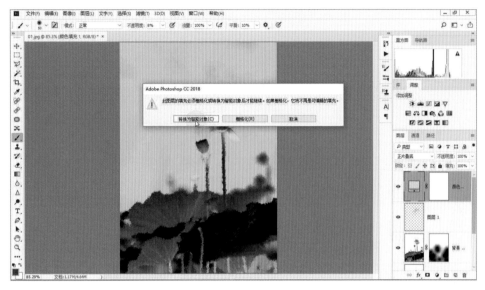

图5-4-11　设置图层混合模式为正片叠底并转换为智能对象

找到纹理/纹理化选项，加一点纹理效果，确定后装裱好的宣纸感觉就出来了，如图5-4-12所示。

图5-4-12　纹理化图层

最后打开印章素材，用移动工具将其移动到刚刚处理好的墨荷图合适的位置，再加上文字，整个效果就制作完成了，然后注意存盘，如图5-4-13所示。

图5-4-13　增加国画元素，完成作品